WAS PASSIERT BEIM FLIEGEN?

100 FRAGEN – 100 ANTWORTEN FÜR PASSAGIERE

Mathias Gnida

Motor
buch
Verlag

Einbandgestaltung: Frank Zähringer

Bildnachweis:
Sofern nicht anders vermerkt stammen die Bilder vom Autor bzw. aus dessen Archiv.

Dieses Buch widme ich Iris.
Du fehlst mir!

ISBN: 978-3-613-04188-2

1. Auflage 2019

Sie finden uns im Internet unter
www.motorbuch-verlag.de

Innengestaltung: Günther Nord, 69434 Heddesbach
Druck und Bindung: Appel & Klinger, 96277 Schneckenlohe
Printed in Germany

INHALT

VORWORT

»Eine Investition in Wissen bringt immer noch die besten Zinsen.«
Benjamin Franklin (1706 – 1790)

Schon seit meiner frühesten Kindheit hat mich das Fliegen fasziniert. Als Kind habe ich Flugzeugkennzeichen gesammelt, nach meinem Abitur eine solide handwerkliche Ausbildung zum Flugzeugmechaniker absolviert, um später Pilot zu werden. Die Fliegerei stand stets im Mittelpunkt meines beruflichen Lebens und ja, sie ist für mich auch Berufung!

Heute arbeite ich mit Freude daran, Menschen die Angst vorm Fliegen (wieder) zu nehmen. In meinen Seminaren und Coachings gegen Flugangst versuche ich zum einen, den Menschen das Fliegen wieder transparent zu machen, zum anderen sie meine Leidenschaft für die Fliegerei spüren zu lassen, um Ihnen das so verlorene gegangene Vertrauen in Menschen und Technik zurückzugeben.

In meiner täglichen Praxis sind mir im Laufe der Jahre unzählige Fragen zu Ohren gekommen. Turbulenzen, technische Systeme, Pilotenausbildung, Flugzeugwartung, Flugablauf, was passiert, wenn… All diese Dinge und mehr stehen immer wieder im Fokus meiner Teilnehmer, als auch bei Flugreisenden im Allgemeinen.

Über die Jahre wiederholten sich viele dieser Fragen und deren Thematik wurde sukzessiv fester Bestandteil meiner Seminare und Coachings.

Doch genau diese immer wiederkehrenden Fragen, die über beide Geschlechter jedweden Alters oder Bildungsstandes erhaben, für viele Menschen von großem Interesse sind, waren Anlass für dieses Buch.

Jeder von uns hat schon mal ein Flugzeug gesehen, ist mit ihm geflogen und hat seinen Mitmenschen davon berichtet. Aber mal Hand aufs Herz: Wissen Sie warum ein Flugzeug fliegt? Kennen Sie die vielfältigen und spezifischen Abläufe, die innerhalb der Thematik Flugzeug und Fliegen, wie Zahnräder in einem großen Getriebe ineinandergreifen?

Ich werde in diesem Buch einmal tüchtig mit fehlenden Informationen und Halbwissen aufräumen und die etwaig vorherrschende Unwissenheit durch kompetentes Wissen ersetzen!

Sie werden mittels der kommenden Fragen erfahren, warum ein 400 Tonnen schwerer Jumbo Jet abheben kann, wie ein Flugzeug aufgebaut ist oder wie es gewartet wird. Ich werde Ihnen näherbringen, was für Sie als Passagier unsichtbar, vor einem anstehenden Flug alles abläuft, damit Sie sicher an Ihr Ziel gelangen. Wir werden uns intensiv den »Was passiert, wenn…« Fragen widmen und lernen, welche Auswirkung schlechtes Wetter auf die Fliegerei hat.

Dieses und noch viel mehr erfahren Sie in diesem Nachschlagewerk. Ich lade Sie daher ein, mit mir zusammen die faszinierende Welt des Fliegens für sich zu entdecken und hoffe, dass dieses »Referenzhandbuch« fortan Ihr treuer Flugbegleiter auf all Ihren Flugreisen sein wird. Haben Sie weitere Fragen und suchen Antworten? Schreiben Sie mir!

Herzlichst,
Ihr Mathias Gnida

1

EIN PAAR GRUNDLEGENDE FRAGEN ZU BEGINN

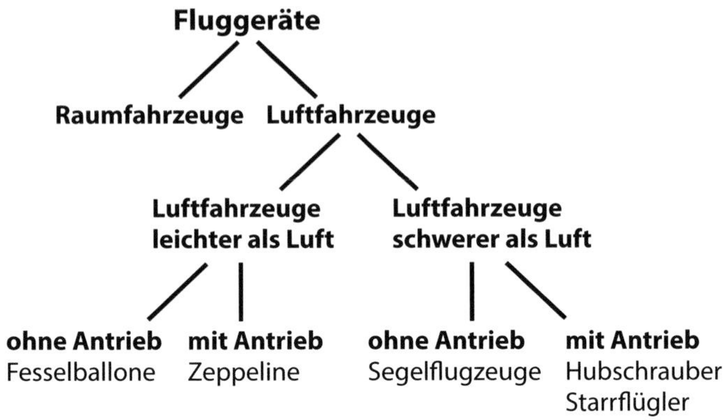

1.1 WIE WERDEN FLUGGERÄTE EIGENTLICH KLASSIFIZIERT?

Wie der Name es schon verrät bedeutet Flugzeug zwar Fluggerät, dennoch ist ein Fluggerät nicht zwangsläufig ein Flugzeug.

Fluggeräte werden langläufig unterschieden in Raumfahrzeuge (beispielsweise Raketen) und Luftfahrzeuge.

Da wahrscheinlich noch niemand von Ihnen einen Flug ins All gemacht hat, lassen wir die weitere Unterteilung der Raumfahrzeuge links liegen und wenden uns folglich den Luftfahrzeugen zu. Sollte sich wider Erwarten doch ein Astronaut unter Ihnen befinden, bitte ich höflichst um Mitteilung.

Aber nun zu den Luftfahrtzeugen. Luftfahrzeuge werden unterteilt in solche die leichter als Luft sind und solche die schwerer als Luft sind. Unter die erste Kategorie fallen beispielsweise Heißluftballone und Zeppeline. Doch wir widmen uns den Luftfahrzeugen, die schwerer als Luft sind und unterteilen ein letztes Mal in die Kategorien ohne Kraftantrieb und mit Kraftantrieb.

Die obige Abbildung soll Ihnen dies noch einmal veranschaulichen.

Wir finden demnach unsere heutigen modernen Verkehrsflugzeuge unter der Bezeichnung »Starrflügler« rechts unten. ■

1.2
WAS IST DIE EASA?

Die EASA ist die European Aviation Safety Association, also die Europäische Agentur für Flugsicherheit. Sie wurde im Jahr 2002 gegründet und ist zuständig dafür, in Europa einheitlich gültige Sicherheitsbestimmungen zu erstellen und deren Umsetzung zu überwachen. Vor Ihrer Gründung waren alle Staaten in Europa selbst für die Sicherheitsstandards zuständig, wie in Deutschland beispielsweise das Luftfahrtbundesamt (LBA), welches heute, zusammen mit den anderen nationalen Luftfahrtbehörden als verlängerter Arm der EASA dient.

Die EASA hat das Mandat, direkte exekutive Maßnahmen zu tätigen. Dazu gehören beispielsweise Musterzulassungen, Audits bei Airlines, Herstellern und Landebehörden, Inspektionen oder Überprüfung von Sicherheits- und Umweltstandards. Obgleich sie somit für die Einhaltung und Wahrung der gültigen Luftfahrtgesetze sorgt, darf sie diese nicht erlassen. Das ist Aufgabe der Europäischen Kommission und damit des Europäischen Parlaments, welches die EASA kontrolliert. Die EASA selbst hat bei der Gesetzerstellung lediglich beratende Funktion.

Die EASA hat eine Fülle von Anleitungen erlassen, sogenanntes Guidance Material, durch deren Anwendung ein gesetzkonformes und standardisiertes Handeln der Luftfahrtbranche garantiert ist. ■

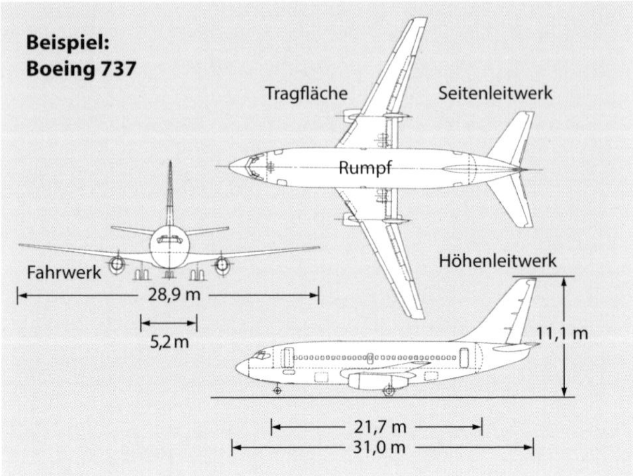

1.3 AUS WELCHEN HAUPTBAUGRUPPEN BESTEHT EIN FLUGZEUG?

Ein heutiges modernes Verkehrsflugzeug kann man in sechs große Baugruppen einteilen:

1. Rumpf (fuselage)
2. Tragflächen (wings)
3. Leitwerk (empenage)
4. Fahrwerk (gears)
5. Triebwerke (engines)
6. Ausrüstung (equipment)

Die stabilste Verbindung des ganzen Flugzeuges besteht in der Nahtstelle zwischen Rumpf und Tragflächen.

Beide für sich genommen haben enormen Kräften standzuhalten und meistern diese Aufgabe nahezu spielerisch.

Der Rumpf, mitsamt der Passagierkabine, sowie der Frachträume unterliegt Kräften wie Biegung oder Torsion. Des Weiteren wird er durch den Einfluss der Druckkabine zusätzlich belastet.

Die Tragflächen schultern nahezu den gesamten Auftrieb des Flugzeuges und unterliegen insbesondere großer Biegebeanspruchung. Es liegt daher auf der Hand, dass beim Zusammenfügen der beiden Baugruppen, dieser Nahtstelle enorme Aufmerksamkeit zufällt, um die dort zusammenlaufenden Kräfte sicher und zielgerichtet abfedern zu können.

Nicht umsonst können – uns sollen – sich Tragflügel enorm biegen, um die auf das Flugzeug einwirkenden Kräfte abzufedern. Doch dazu mehr in Frage 3.2, Seite 51. Wenden wir uns nun den Fahrwerken zu. Es ist abhängig vom Gewicht des Flugzeuges, wie viele Fahrwerke und Räder es benötigt, um seine gesamte Last zu tragen. Kurz- und Mittelstreckenjets haben meist ein vorderes Bugfahrwerk mit 2 Rädern, welches am

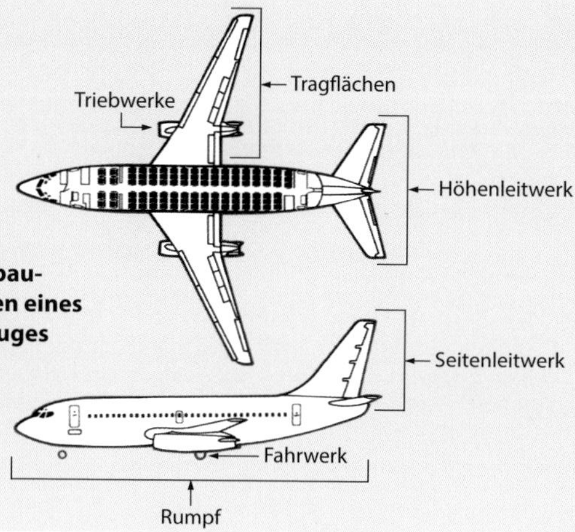

Hauptbau-gruppen eines Flugzeuges

Boden lenkbar ist und zu Steuerung des Flugzeuges beim Rollendient, sowie ein linkes und rechtes Hauptfahrwerk mit mindestens 2 Rädern, welche den größten Anteil des Flugzeuggewichtes tragen.

Beim Leitwerk unterscheiden wir das Höhenleitwerk vom Seitenleitwerk. Am Höhenleitwerk (Vertical Stabilizer) befinden sich an der Austrittskante, der sogenannten Trailing Edge, das Höhenruder, während an der Trailing Edge des Seitenleitwerks, das Seitenruder montiert ist. Das Höhenleitwerk dient der Querstabilisierung des Flugzeuges. Es kann unabhängig von dem an ihm montierten Höhenruder, auch im Ganzen auf und ab gekippt werden und wird in dieser Funktion als Horizontal Stabilizer bezeichnet (siehe Frage 1.6, Seite 13).

Das Seitenleitwerk dient folglich der Längsstabilität des Flugzeuges und bewirkt eine Richtungsstabilität. Es ist vergleichbar mit der Finne eines Bootes oder Surfbrettes.

Der Rumpf, oder auch Zelle genannt, dient mit seinem Volumen im Wesentlichen der Aufnahme von Frachträumen, der Passagier- und Druckkabine, sowie mitunter eines Kerosintanks, dem sogenannten Centertank. Wie oben bereits erwähnt, muss die Rumpfkonstruktion verschiedensten Kräften, wie beispielsweise Biegung und Torsion standhalten. Eine weitere große Belastung entsteht durch die Druckkabine, über dessen Funktion Sie mehr in Frage 3.8 (siehe Seite 57) erfahren.

Die Hauptgruppe Ausrüstung ist wie der Name es schon verrät, so erstmal nicht direkt greifbar und von außen nicht sichtbar. Als Ausrüstung bezeichnet man beispielsweise die Innenausstattung des Flugzeuges. Hierzu gehören Passagiersitze, Küchen, Toiletten, Notrutschen oder Feuerlöscher an Bord. ■

1.4 WAS VERSTEHT MAN UNTER FAIL-SAFE KONSTRUKTION?

Moderne Verkehrsflugzeuge werden nach der sogenannten Fail-Safe-Methode konstruiert. Die Worte sagen es schon: Fail (Fehler) und Safe (sicher) – bedeutet: Trotz Fehler sicher! Diese Methode beruht auf dem Prinzip der Ausfallsicherheit, d.h. dass trotz Ausfall eines Bauteils des Systems, dieses weiter funktioniert und den Fehler auffängt bzw. den aufgetretenen Schaden lokal begrenzt und dadurch minimiert.

Bei modernen und komplexen Maschinen und Anlagen, so wie Flugzeuge sie darstellen, geht man davon aus, dass man Schäden während der gesamten Lebenszeit eines solchen Systems nicht vermeiden kann.

ABER… man kann die Verantwortung eines Bauteils auf ein ganzes System, in welchem dieses Bauteil integriert ist, aufteilen. Versagt nun ein solches Bauteil, übernehmen andere dessen Funktion. Ein solches Bauprinzip ermöglicht größtmögliche Sicherheit, da ein Schaden in seiner Auswirkung immer nur lokal bleibt und durch die Fail-Safe-Methode minimiert wird.

Unterstützend hierzu greift bei der Konstruktion eines Flugzeuges das Prinzip der Redundanz. Redundanz bedeutet das Vorhandensein mehrerer baugleicher Teile oder Systeme für eine Funktion oder Anlage. Mit anderen Worten fällt System A aus, übernimmt das Baugleiche System B dessen Funktion. Dieses Prinzip erklärt die Flut an Schaltern und Anzeigen im Cockpit! Denn alles was wichtig ist, ist mindestens zweimal, wenn nicht dreimal im Cockpit vorhanden. ■

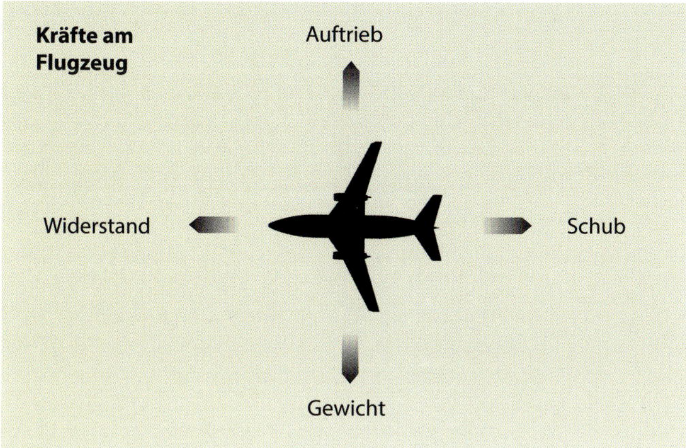

1.5 WARUM FLIEGT EIN FLUGZEUG EIGENTLICH?

Damit ein Flugzeug fliegen kann, muss eine Auftriebskraft vorhanden sein die größer als das Eigengewicht des Flugzeuges ist. Logisch, denn sonst würde das Flugzeug ja nicht abheben können. Und dieser Auftrieb wird an den Flügeln erzeugt.

Können Sie sich noch an Herrn Bernoulli aus dem Physikunterricht Ihrer Schulzeit erinnern?

Nun, Herr Bernoulli entdeckte vereinfacht gesagt einen Zusammenhang zwischen der Geschwindigkeit einer sich bewegenden Flüssigkeit und ihrem Druck, der sich dahingehend äußert, dass dort, wo eine schnelle Strömung vorherrscht, der Druck abnimmt. Und obgleich wir uns im Medium Luft bewegen und nicht in Flüssigkeiten gilt dieses Prinzip auch hier.

Sie fragen sich zurecht: Was hat das nun mit dem Auftrieb zu tun? Ganz einfach: Druck ist Kraft und Auftrieb ist eine solche Kraft! Ganz gleich ob auf den Boden gerichtet (Sie stehen auf der Waage = Gewichtskraft) oder gen Himmel gerichtet (Sie fahren mit dem Fahrstuhl aufwärts (Auftriebskraft).

Um Auftrieb zu erzeugen, müssen wir uns also an den Flügeln nur das entdeckte Gesetz von Herrn Bernoulli zu Nutze machen.

Man Entwarf deshalb ein Tragflügelprofil, dessen Oberseite stärker gewölbt war, als dessen Unterseite.

Als Folge muss sich die vorne am Flügel ankommende Luftströmung nämlich aufteilen. Ein Teil fließt über den Flügel, ein Teil unterhalb des Flügels. Da jetzt der Weg für den Luftstrom oberhalb des Flügels bedingt durch die vorhandene Wölbung länger als der Weg unterhalb des Flügels ist, fließt die Luft oberhalb schneller (niedrigerer Druck) als unterhalb und et voila, nun haben wir am Flügel unterschiedliche Strömungsgeschwindigkeiten und das Gesetz von Bernoulli kann wirken. Als Folge entsteht eine Kraft, die nach oben gerichtet ist, unser Auftrieb.

Jetzt ist es reine Mathematik auszurechnen wie groß und gewölbt der Flügel sein muss, um ein modernes Verkehrsflugzeug mit zig Tonnen Gewicht in die Luft zu heben.

Das Flugzeug an sich, als natürlich auch die Auftrieb erzeugenden Tragflügel, sind jedoch für den Reiseflug konzipiert und ausgelegt. Da wir beim Take-Off und bei der Landung aber deutlicher langsamer als im Reiseflug fliegen, steht uns natürlich auch nicht so viel Auftrieb wie im Reiseflug zu Verfügung. Damit wir jedoch nicht in aerodynamischen Grenzbereichen fliegen müssen, bedienen wir uns bei Start oder Landung eines Tricks. Wir kompensieren hier die niedrigere Flug- und Fliessgeschwindigkeit der Luft, in dem wir die Flügelflächen inklusive ihrer Wölbung einfach vergrößern.

Dies tun wir mittels an den Flügeln angebrachten Auftriebshilfen, welche sowohl an der Vorderkante des Flügels, sogenannte Vorflügel (Slats), als auch an der Hinterkante des Flügels, sogenannte Landeklappen (Flaps) angebracht sind. Je nach Geschwindigkeit, wähle ich als Pilot die für mich passende Kombination der Auftriebshilfen und erzeuge passend zu meiner vorherrschenden Flugphase ein zusätzliches Plus an Auftrieb und Sicherheit.

Jetzt gibt es noch einen weiteren Faktor, der den Auftrieb an meinen Tragflügeln direkt beeinflusst. Es ist der sogenannte Anstellwinkel (Angle of Attack). Dieser Winkel wird vereinfacht gesagt, zwischen Flügel und Richtung der anströmenden Luft gemessen. Es gilt: Je kleiner dieser Winkel, desto schneller muss ich fliegen, um Auftrieb zu erzeugen.

Dies erklärt, warum gerade im Landeanflug die Flugzeugnase immer einige Grad nach oben zeigt, denn damit vergrößert sich der Winkel zwischen der ankommend Luft und dem Flügel derart, dass zusätzlich zu Slats und Flaps ein Plus an Auftrieb erzeugt wird. ■

©petervick167/123RF.com

1.6
WIE WIRD EIN FLUGZEUG GESTEUERT?

Da sich unser Flugzeug meistens in der Luft und nicht am Boden befindet, unterscheiden wir Bewegungen im dreidimensionalen Raum um drei Achsen: Die Längsachse, die Hochachse und die Querachse.

Alle drei Achsen kreuzen sich idealerweise im Flugzeugschwerpunkt, dem sogenannten CG (Center of Gravity). Um Flugzeugbewegungen um diese Achsen zu vollziehen und damit das Flugzeug zu steuern, sind entsprechende Steuerflächen, Ruder genannt, erforderlich. Diese heißen:

- Querruder (Aileron)
- Höhenruder (Elevator)
- Seitenruder (Rudder).

Wozu werden sie gebraucht und wie werden sie bedient?

Das Querruder dient dem Kurvenflug und sitzt an der Hinterkante der Flügel Die Betätigung des Höhenruders bewirkt ein Steigen oder Sinken. Es sitzt an der Hinterkante des Höhenleitwerks. Das Seitenruder bewirkt ein Drehen um die Hochachse des Flugzeuges (Gieren). Es wird mittels Fusspedalen im Cockpit betätigt. Das Seitenruder ist an der Hinterkante des Seitenleitwerks montiert und dient der Kursstabilität.

Um die Querruder zu betätigen, muss der Pilot lediglich sein Steuerhorn nach links oder rechts drehen. Das Flugzeug vollzieht eine entsprechende Kippbewegung um die Längsachse, dem sogenannten »rollen«, im Englischen »bank« genannt.

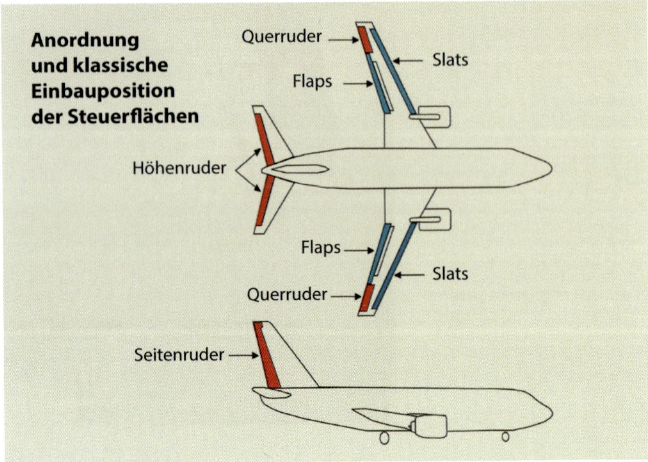

Will der Pilot hingegen, dass das Flugzeug steigt oder sinkt, muss er die gesamte Steuersäule, samt Steuerhorn zu sich heranziehen oder von sich weg drücken. Das Flugzeug reagiert entsprechend mit einer Bewegung um die Querachse, was der Pilot »nicken« oder »pitch« bezeichnet.

Zu guter Letzt kann das Flugzeug noch eine Bewegung um die Hochachse vollziehen, was man als »Gieren« oder »yaw« bezeichnet. Dies geschieht mittels der vor dem Piloten befindlichen Pedalen. Dies dient, wie oben gesagt, der Kursstabilität, indem beispielsweise der Einfluss von Seitenwind kompensiert wird. Der Pilot dreht die Flugzeugnase dazu einfach in den Wind, damit das Flugzeug nicht vom Kurs abgetrieben wird.

Einige Verkehrsflugzeug besitzen anstelle eines Steuerhorns einen Steuerknüppel oder sogenannte Sidesticks, deren Montageposition zwar abweichend, deren Funktionen aber analog sind. ■

©Ratko Matovic/123RF.com

1.7
WELCHES SIND DIE GÄNGIGSTEN FLUGZEUGTYPEN?

Wir unterscheiden viele verschiedenste Flugzeughersteller. Die bekanntesten dürften wohl Boeing und Airbus sein. Aber auch Embraer oder Bombardier sollte als Hersteller dem einen oder anderen von Ihnen ein Begriff sein.

Die wohl am meisten gebauten Flugzeuge von Boeing sind:

1. B737 Serie
Kurzstreckenflugzeug, 2 Triebwerke, für bis zu 220 Passagiere. Mit mehr als 10000 gebauten Flugzeugen seit 1967 ist sie ist das erfolgreichste Passagierflugzeug der Erde.

2. B757 Serie
Mittelstreckenflugzeug, 2 Triebwerke, für bis zu 295 Passagiere. 1050 Stück wurden bis 2004 gebaut.

3. B767 Serie
Mittel- und Langstreckenflugzeug, 2 Triebwerke für bis zu 375 Passagiere über 1100 wurden seit 1980 gebaut.

4. B777 Serie (Triple Seven)
Langstreckenflugzeug, 2 Triebwerke, für bis zu 575 Passagiere. Seit 1994 bei Boeing in Serie mit derzeit rund 1500 gebauten Exemplaren

5. B787 Serie (Dreamliner)
Langstreckenflugzeug, 2 Triebwerke, für bis zu 440 Passagiere. Erstflug im Jahre 2009 mit ca. 750 gebauten Flugzeugen bis heute

6. B747 Serie (Jumbo Jet)
Langstreckenflugzeug, 4 Triebwerke, für bis zu 660 Passagiere. Seit 1968 in Serie bei Boeing mit über 1500 verkauften Exemplaren.

Die Produktpalette bei Airbus sieht wie folgt aus:

1. A320 Familie
Kurz- und Mittelstreckenflugzeug, 2 Triebwerke, für bis zu 235 Passagiere. Airbus hat seit 1987 über 8500 Exemplare gefertigt und verkauft, womit der A320 den Verkaufsschlager bei Airbus darstellt.

2. A330 Serie
Langstreckenflugzeug, 2 Triebwerke, für bis zu 440 Passagiere. Seit 1992 in Serie mit über 1300 produzierten Fliegern

3. A340 Familie
Langstreckenflugzeug, 4 Triebwerke für bis zu 420 Passagiere. 377 Gebaute Exemplare bis 2011 die Produktion eingestellt wurde

4. A350 Serie
Langstreckenflugzeug, 2 Triebwerke, für bis zu 365 Passagiere. Das neuste Flugzeug der Airbusfamilie. Seit 2015 in Betrieb mit derzeit gut 225 produzierten Exemplaren

5. A380 Serie
Langstreckenflugzeug, 4 Triebwerke, für bis zu 950 Passagiere. Das derzeit größte Passagierflugzeug der Welt. Seit 2005 in Produktion mit derzeit gut 230 produzierten Flugzeugen. Die Produktion wurde jüngst von Airbus eingestellt, womit der A380 wirtschaftlich zum Desaster für Airbus wurde.

Schauen wir uns jetzt noch die Flugzeughersteller Embraer und Bombardier an, so muss man bei Embraer die E175 und E190 herausheben. Es sind zweistrahlige Kurzstreckenjets mit über 1000 verkauften Exemplaren, die zwischen 80 und 125 Passagieren Platz bieten.

Im Gegensatz dazu bietet der Bombardier Canadair Regional Jet (CRJ) nur zwischen 50 und 105 Passagieren Platz und wurde seit 1991 mit derzeit über 1800 Exemplaren gebaut. ■

©scanrail/123RF.com

1.8 WELCHES SIND DIE SICHERSTEN AIRLINES DER WELT?

Das lässt sich leider nicht so ohne Weiteres beantworten. Je nachdem wen Sie fragen, bekommen Sie unterschiedliche Antworten. Einer der bekanntesten Herausgeber einer solchen Statistik ist das Hamburger Büro für Flugunfälle JACDED (Jet Airliner Crash Data Evaluation Centre). Neben der Datenerhebung und Verarbeitung von Flugunfällen bedient JACDEC auch Nachfragen von Medien und Journalisten, um sie bei aktuellen Recherchen zu Flugsicherheit zu unterstützen. Und hier liegt der Hase im Pfeffer.

Wie es mit Statistiken so ist, sind die Basisdaten entscheidend über die Genauigkeit der Statistik. JACDEC wird jedoch von Experten kritisiert nicht alle sicherheitsrelevanten Parameter mit einzubeziehen.

Daher halten Luftfahrtexperten die Aussagen der JACDEC für sehr fragwürdig. Gleichzeitig verkauft JACDEC jedoch Statistiken, wie die der sichersten Airlines der Welt an Journalisten und Medien und beeinflussen somit maßgeblich die Wahrnehmung in dieser Thematik.

Ein Beispiel: Airline A hatte in 10 Betriebsjahren von Gründung bis Pleite keine Unfälle und eine weiße Weste.

Airline B hingegen fliegt schon seit über 25 Jahren und hat in dieser Zeit nur einen Unfall gehabt. Nach JACDEC wäre Airline A die sichere Airline. Sind Sie auch der Meinung?

Man kann hier viel diskutieren und sehr kontroverser Meinung sein. Ich würde Ihnen jedoch empfehlen derlei Statistiken mit größter Vorsicht zu genießen und stets sorgsam zu hinterfragen! ■

1.9 WIE VIELE FLÜGE GIBT ES EIGENTLICH AM TAG ÜBER DEUTSCHLAND?

Diese Frage wird mir recht oft in meinen Seminaren gegen Flugangst gestellt, da die meisten Menschen absolut kein Gefühl für Zahlen, Daten und Fakten aus der Luftfahrt haben. Ich möchte Ihnen daher ein paar ausgewählten Zahlen vorstellen, deren Quelle die Deutsche Flugsicherung (DFS) in Langen ist, speziell deren Mobilitätsbericht aus 2018 für das Jahr 2017.

In Deutschland gab es 2017 insgesamt über 3,2 Millionen kontrollierte Flüge und über 2,2 Millionen kontrollierte Starts- und Landungen. Das macht pro Tag im Mittel ca. 9700 Flüge über Deutschland. In ganz Europa wurden 9,6 Millionen kontrollierte Flüge gezählt. Von den ca. 3,2 Mio Flügen waren gute 38 Prozent reine Überflüge, die lediglich den deutschen Luftraum passiert haben. Die Top 3 der am häufigsten geflogenen innerdeutschen Verbinden war Berlin/Tegel – München, gefolgt von Berlin/Tegel – Frankfurt und Hamburg – München. Auf alle innerdeutschen Flüge verteilten sich 2017 knapp 24 Millionen Passagiere. 77,6 Prozent aller zu Verfügung stehenden Sitzplätze waren 2017 besetzt, was ein neuer Rekord war. Die nach Start- und Landungen verkehrsreichsten Airports waren 2017 Frankfurt, gefolgt von München, Düsseldorf und Berlin-Tegel. Die aus Deutschland am meisten angeflogenen Länder sind mit großem Abstand Spanien, gefolgt von Italien, Vereinigtes Königreich und die USA. Die Flugziele mit der höchsten Auslastung waren jedoch Hurghada, Rom, Fuerteventura, Heraklion und Bangkok. Die Top 5 der verkehrsreichsten Flugplätze in Europe belegen London, Paris, Istanbul, Amsterdam und Frankfurt. ■

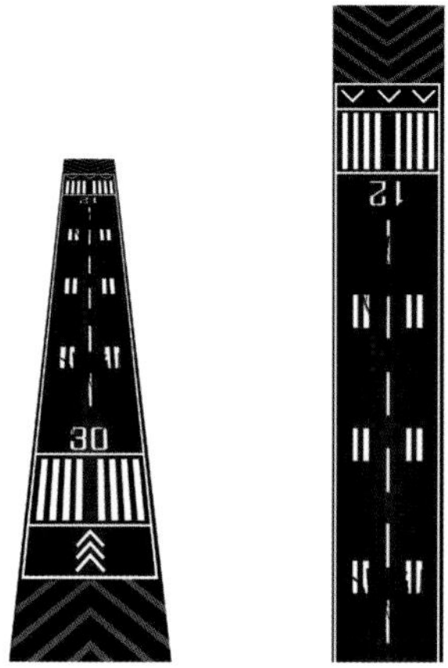

1.10 WAS BEDEUTEN EIGENTLICH DIE ZAHLEN AUF DEN START- UND LANDEBAHNEN?

Das ist eigentlich recht einfach erklärt! Die Zahlen repräsentieren die Himmelsrichtung in die diese Start- oder Landebahn, auch Runway genannt, zeigt.

Stellen Sie sich einen Kompass vor. Der Norden hat die Gradzahl 360° oder 0°. Der Osten hat auf dem Kompass 90° Grad, der Süden 180° Grad und der Westen 270° Grad.

Wenn eine Runway nun die Bezeichnung »01« trägt heißt das nicht, dass dies die »erste« von mehreren Runways ist, sondern dass die Ausrichtung dieser Runway auf den Kompass und damit die Himmelsrichtung bezogen nach 10° Grad, also annähernd Norden weist. Geh ich nun auf dieser Runway 01 zum anderen Ende stünde da »19« für 190°. Ist ja auch logisch da Runways bekanntlich keine Kurven haben... Somit weist die Gegenrichtung einer Runway, egal wo ich mich im Kompass befinde, immer eine Zahl auf, die um 180° verdreht steht.

Starte ich jetzt mit meinem Flugzeug also auf der »01« ist mein erster Kurs beim Abheben 10°, was folglich der Ausrichtung dieser Runway entspricht.

An großen Flughäfen wie beispielsweise Frankfurt oder München gibt es oft parallele Runways. Um diese zu unterscheiden werden in Blickrichtung die Zusätze L (Left bzw. links), C (Center bzw. Mitte) oder R (Right bzw. rechts) verwendet. Die Runway 26R ist also der rechte Runway von mehreren in Richtung 260°. ■

©g-stockstudio/Shutterstock.com

1.11 WAS TUN DIE PILOTEN, WENN ICH SIE VORM START UMS FLUGZEUG GEHEN SEHE?

Bevor der Pilot seinen Flug beginnt, hat er sich vom ordnungsgemäßen Zustand des ihm überlassenen Flugzeuges zu überzeugen. Wie macht er das?

Nun, zunächst einmal überprüft er die Vollständigkeit sämtlich notwendiger Dokumente an Bord. Ferner haben Sie bestimmt schon einmal beobachten können, dass der Pilot, während Sie am Gate auf das Einsteigen warten, mit einer gelben Warnweste und Taschenlampe bewaffnet, sich den Weg rund um das Flugzeug sucht, an spezifischen Punkten hält und etwas kontrolliert. Er vollzieht so den vorgeschriebenen Walk Around oder Outside Check.

Obgleich ein Pilot kein ausgebildeter Techniker ist, überprüft er den offensichtlichen Zustand des Flugzeuges. Denn auch als Laie erkennt er Beschädigungen wie Dellen, Leckagen oder Ähnliches. Er checkt den Zustand der Reifen und Bremsen. Er kontrolliert, dass keine Öffnungen verstopft sind oder bewegliche Anbauteile blockiert werden. Er kontrolliert, dass ausreichend Sauerstoff an Bord zu Verfügung steht, die Navigationslichter funktionieren oder die Triebwerksein- und Auslässe frei von Beschädigungen sind.

Zusätzlich umfasst die Preflight Inspection:

- Emergency Equipment Check; hier wird unter anderem die Vollständigkeit der Notausrüstung gecheckt. Zusätzlich wird die Notbeleuchtung im Flugzeug überprüft, sowie das ordnungsgemäße Funktionieren von Taschenlampen oder Sauerstoffmaske.
- Technisches Logbuch; ins technische Logbuch schreibt die Cockpitcrew alle Unregelmäßigkeiten und Beanstandungen, die im täglichen

Flugbetrieb so anfallen. Der Fluggerätemechaniker hat in der Regel dafür Sorge zu tragen, dass sämtlich gelistete Einträge vor einem Flug abgearbeitet und erledigt werden. Im Logbuch bestätigt der Mechaniker anschließend, dass das Flugzeug lufttüchtig ist und alle Arbeiten ordnungsgemäß erledigt wurden, wovon sich der Pilot wiederum vor Übernahme des Flugzeuges überzeugt.

- Fuel Calculation; der Pilot prüft, ob die geplante Betankungsmenge mit der real getankten Menge übereinstimmt und angezeigt wird
- Ice/Snow Contamination; der Pilot überprüft das Vorhandensein von Eis oder Schnee, im Besonderen auf den Tragflächen. Dies hätte unter Umständen einen Enteisungsvorgang vor dem Start zur Folge.

Natürlich ist die Preflight Inspection erst der Beginn einer ganzen Reihe von Checklisten, die im Laufe eines Fluges noch abgearbeitet werden müssen.

Befindet der Pilot das Flugzeug in einem ordnungsgemäßen Zustand, bestätigt er dies durch seine Unterschrift und »übernimmt« das Flugzeug für den anstehenden Flug. Eine entsprechende Kopie seiner Unterschrift wird selbstverständlich abgelegt und zu Nachweisezwecken aufbewahrt. ■

1.12
WIE BEEINFLUSSEN MEDIEN DIE GEFÜHLTE SICHERHEIT BEIM FLIEGEN?

Die Antwort liegt auf der Hand: EXTREM! Bei Medien mit großer Reichweite, wie einer großen deutschen Tageszeitung oder Nachrichtensendern geht im fliegerischen Kontext nicht selten die Quote vor der Recherche! Schlagzeilen lassen sich eben prima verkaufen und gerne wird hier und da Mal ein scheinbar unwichtiges Detail verschwiegen, um die Berichterstattung möglichst spektakulär und reißerisch zu gestalten.

Hier habe ich ein schönes Beispiel wie Medien die Sicherheit der Luftfahrt relativieren. Die Schlagzeile beginnt mit: »Unglaubliche Pilotenleistung«, und nimmt im folgenden Bezug auf eine Landung am Flughafen Köln während des Sturmtiefs »Burglind«. Der Beitrag zeigt eine Boeing B737, welche zugegebener Maßen ziemlich vom Wind geschaukelt die Landung vollzieht und feiert die Piloten als Helden sowie die Passagiere als »sich glücklich schätzen könnende Menschen«. In Wahrheit war es nur eine anspruchsvolle Seitenwindlandung.

Was soll das? Wo ist die Seriosität einer Recherche und was impliziert so ein Artikel bei Menschen, die ihn ohne Fachkenntnisse lesen?

Ganz ehrlich? Mich ärgern solche Beiträge zutiefst da sie schlecht recherchiert und nur darauf aus sind Schlagzeilen zu machen. Sie verunsichern, schüren (Flug)Angst und erklären Fliegen unverantwortlicher Weise zum Glücksspiel. Dabei ist und bleibt Fliegen das sicherste Verkehrsmittel!

Sie verunsichern, schüren (Flug) Angst. In Wahrheit war es nur eine anspruchsvolle Seitenwindlandung. Dabei ist und bleibt Fliegen das sicherste Verkehrsmittel! ■

©dolgachov/123RF.comcom

1.13 WAS IST EIGENTLICH FLUGANGST?

Hinter dem Begriff Flugangst, im Fachjargon Aviophobie genannt, verbirgt sich eine situative Angst vor dem Fliegen. Wie oben bereits erwähnt, wissen Sie als Betroffene durchaus darum, das Fliegen die statistisch sicherste Fortbewegungsart ist, aber dennoch haben Sie Angst. Sie wissen ferner, dass die meisten Passagiere Fliegen als harmlos, ja angenehm empfinden und dennoch... Sie haben Angst!

Wenn eine solche Angst, beziehungsweise der auslösende Stressor (das Fliegen) in seiner Bedrohung deutlich vom Betroffenen überschätzt wird und/oder die Angst sogar ohne konkret vorherrschende und vermeintliche Gefahrensituation auftritt, wird sie samt ihrer Symptome zu einer Krankheit.

Schon längst hat die Weltgesundheitsorganisation WHO die Aviophobie, als situationsspezifische Phobie, im Verzeichnis der internationalen Klassifikation der Krankheiten, dem sogenannten ICD (International Classification of Deseases), gelistet und anerkannt.

Die aktuell gültige deutsche Ausgabe ist die ICD-10-GM, Version 2019. Flugangst finden Sie im ICD-10, eingestuft unter der Nummer F40.2.

Wie kommt es nun konkret zu Ausprägung von Flugangst? Flugangst kann per se erstmal jeden treffen und trösten Sie sich, denn Sie sind damit nicht allein!

Nach einem Bericht des Instituts für Demoskopie Allensbach, veröffentlicht im Jahre 2003, sind es rund 16% aller Deutschen über 16 Jahre, die das Fliegen im Flugzeug als »Alptraum« erleben! Wir haben also allein in unserem Land rund 10 Millionen Bundesbürger mit Flugangst, und weitere 15 Millionen die Fliegen als unangenehm empfinden. Das bedeutet, dass ca. jeder dritte Fluggast mit Symptomen der Flugangst behaftet ist.

Flugangst tritt unabhängig von Alter, Geschlecht, Beruf, Ausbildungsstand oder der Tatsache auf, ob der Betroffene schon hundert Mal (ohne Flugangst zu haben) geflogen ist oder noch nie zuvor.

Die dabei auftretende Angstintensität ist ebenfalls individuell sehr verschieden. Selbst ein und dieselbe Person kann zwei unmittelbar nacheinander stattfindende Flüge in Bezug zur Angstintensität gänzlich unterschiedlich empfinden.

Oftmals stehen weitere Ängste in direktem Zusammenhang mit Flugangst. Beispielsweise gibt es nicht wenige Menschen, die Existenzängste mitbringen. Sie fürchten darum, alles verlieren zu können was sie sich so mühsam aufgebaut oder erarbeitet haben. Wieder andere haben Angst die Kontrolle zu verlieren respektive diese abzugeben. Andere wiederum haben Angst eingeschlossen zu sein und sich der Situation ausgeliefert zu fühlen. Und dann gibt es natürlich noch die Menschen, für die Fliegen absolut intransparent ist. Sie fürchten sich vor Turbulenzen, Geräuschen und Bewegungen des Flugzeuges, weil sie sich diese nicht erklären können und als »unnormal« empfinden. Und nicht zuletzt gibt es in Zusammenhang mit Flugangst noch die Höhenangst.

All diesen Beispielen ist jedoch meist eins gemeinsam: Eine hohe individuelle Grundanspannung in Form von Stress, was Ängste jedweder Art begünstigt. ■

©Nadia Snopek/Shutterstock.com

1.14
WELCHE TIPPS HELFEN AKUT GEGEN FLUGANGST UND JETLAG?

1. Sorgen Sie für ausreichend Schlaf in den Tagen vor der Flugreise. Wenn Sie die letzte Nacht vor dem Flug nicht schlafen können ist das OK, sofern die Nächte davor ausreichend geschlafen wurde. Akzeptieren Sie das und verbringen Sie die Nacht alternativ mit einem coolen Buch, in der Badewanne oder Ihrer Lieblingsserie – tun Sie einfach etwas das Ihnen guttut.

2. Keine Überstunden mehr auf der Arbeit in der Woche vor dem Flug --> Stress ist Nährboden jedweder Angst!

3. Eine gesunde Ernährung - besonders vor der Reise - versorgt den Körper mit der allem was er braucht. Er hat damit mehr Nährstoff- und somit Kraftreserven.

4. Viel Sport senkt den Stresspegel am besten – optimal wäre es noch am Abend vor dem Flug oder (wenn es geht) am Flugtag selber Sport zu betreiben.

5. Packen Sie Ihre Koffer und Taschen einen Tag vorher und legen Sie sich übersichtlich alles auf einem Tisch zurecht was Sie für Ihren Flug benötigen, damit die Abreise entspannter wird.

6. Wo immer es geht: Entspannen sie sich und verbringen Sie Ihre Zeit vor dem Flug so angenehm wie möglich. Versuchen Sie insbesondere die Schultern immer wieder bewusst fallen zu lassen und die Hände zu entspannen.

7. Sprechen Sie bei Flugangst das Check-In Personal und die Flugbegleiter darauf an. Wenn Sie wollen, dann fragen Sie ob es möglich ist frü-

her als der Rest der Passagiere einsteigen zu dürfen damit Sie sich »akklimatisieren« - geteiltes Leid ist halbes Leid. Wir von SkyCair bieten Ihnen hierfür und als Alternative eine kleine »Checkkarte« an, die Sie während des Boardings den Flugbegleitern zeigen können, um diskret auf sich aufmerksam zu machen. Sprechen Sie uns an (mail@flugangst123.de)!

8. Wenn Sie während des Fluges (erneut) Angst bekommen, zwingen(!) Sie sich dazu Ihre Muskeln (bevorzugt Hände, Schulterpartie, Beine) immer wieder sehr bewusst zu lockern --> Faust öffnen, Schulter hängen lassen, Oberschenkel locker lassen usw.

9. Trinken Sie – besonders während langer Flüge – viel Wasser. Der Körper verliert durch die trockene Luft an Bord bis zu einem halben Liter Wasser pro STUNDE durch Schwitzen, Verdauung, Atmung usw.

Wasserdefizit ist daher purer Stress für den Körper.

10. Zur Sitzplatzwahl: Die leisesten Plätze sind im Bereich VOR den Triebwerken (u.a. daher sind First und Business Class auch immer im vorderen Teil des Fliegers). Außerdem gilt: Je weiter Sie hinten sitzen, umso mehr kriegen Sie die Bewegungen des Flugzeuges um die Hochachse mit. Ergo: Ein Platz kurz vor den Flügeln verspricht das lautstärke- und bewegungstechnische »Economy Optimum«.

Noch was: Tabletten gegen die Angst sind grundsätzlich keine gute Wahl, da diese niemals helfen werden Ihre Angst zu verlieren - wenn Sie überhaupt wirken... Dagegen sind Tabletten oder Tropfen gegen Reisekrankheit erlaubt!

Wer zu Übelkeit durch Bewegung neigt, sollte rechtzeitig vor dem Flug solche Medikamente gegen Reisekrankheit einnehmen. ■

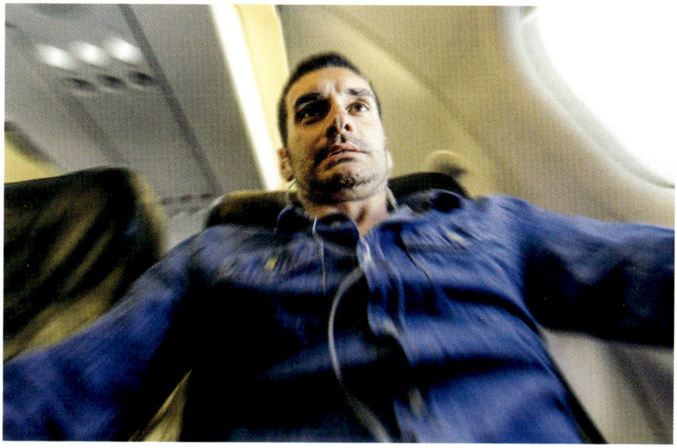
©Fabio Formaggio/123RF.com

1.15 HELFEN FLUGANGSTSEMINARE WIRKLICH GEGEN FLUGANGST?

Ein glasklares JA! Flugangstseminare helfen sogar sehr gut gegen Flugangst. Allerdings gibt es ein paar Dinge zu beachten.

Zunächst einmal ist es unabdingbar eine gewisse Eigenmotivation mitzubringen. Der Wille sich seinen Ängsten zu stellen hilft enorm, um sich diesen dann auch tatsächlich in so einem Flugangstseminar zu stellen.

Neben einer sehr ausführlichen Darbietung von Hintergrundwissen zum Fliegen, wird sich detailliert mit psychologischen Faktoren im Kontext der Flugangst auseinandergesetzt. Angefangen bei der Frage was Angst eigentlich ist, welche Symptome mit ihr verbunden sind und wozu Angst überhaupt dienlich ist, mündet der psychologische Teil meist in einer Erklärung für die individuelle Flugangst und dem Verstehen von Angstkreisläufen.

Die weiteren wichtigen Bestandteile eines Flugangstseminars sind die Entwicklung einer individuellen Bewältigungsstrategie, als auch die Einführung in Entspannungstechniken. Achten Sie bei der Entwicklung Ihrer Bewältigungsstrategie darauf, dass Sie auch auf Ihre persönliche Situation zugeschnitten ist. Allgemeine Methodenvorstellungen nützen Ihnen wenig, wenn Sie keine Ansatzpunkte für deren Handhabung in der individuellen Angstsituation für sich finden. Dabei sind die technischen Hintergrundinformationen von strategischer Bedeutung! Unwissenheit schürt Angst – auch Flugangst! Darum ist es extrem wichtig, ausgiebiges Wissen rund um Flugzeugtechnik, Flugablauf, Geräusche und Wetter vermittelt zu bekommen. Mittels dieses Wissen nehmen wir der Angst den Nährboden. Fragen werden beantwortet und der Angst fehlt es so zusehends an Ansatzpunkten.

Schlussendlich haben seriöse Anbieter von Flugangstseminaren auch immer optional einen begleiteten Erfahrungsflug im Angebot. Hier soll das zuvor Gelernte, im Sinne der Konfrontationsmethode, angewandt und eingeübt werden.

Bei der Wahl eines geeigneten Anbieters für Flugangstseminare sollten Sie stets darauf achten, dass ausschließlich fachkundiges Personal, wie Piloten und Psychologen das Seminar leiten und zugegen sind. Nur so lassen sich die fachspezifischen Inhalte sachkundig und glaubhaft vermitteln und miteinander verzahnen.

An dieser Stelle empfehle ich Ihnen daher meine Flugangstseminare der Firma SkyCair. Unter www.flugangst123.de können Sie deutschlandweit (und bald Europaweit) Ihr Flugangstseminar buchen. Meine Mitarbeiter und ich helfen Ihnen fachkundig und professionell das richtige Seminar zu finden und ihre Flugangst zu besiegen.

Neben Flugangstseminaren bieten wir Ihnen natürlich auch Reisebegleitungen und Einzelcoachings an.

Auf der letzten Seite finden Sie nicht nur unsere Kontakte, sondern auch einen Gutschein über 50 Euro Nachlass auf eines unserer Seminare und Coachings! ■

©Jean-Marie Guyon/123RF.com

1.16
WIE WIRKEN ALKOHOL UND MEDIKAMENTE AN BORD?

Ich möchte hier nicht allzu viele Worte über den Umgang mit Alkohol und Medikamenten verlieren. Aber der Konsum an Bord ist immer mit Vorsicht zu genießen.

Zum einen helfen weder Alkohol noch Medikamente gegen eine etwaige Flugangst (im Gegenteil sogar), zum anderen kann ihre Wirkung nicht nur aufgrund des niedrigen Luftdrucks an Bord eines Flugzeuges gänzlich anders sein als erwartet.

Die extrem trockene Luft an Bord, führt bedingt durch Atmung und Schwitzen zudem zu einem Dehydrieren Ihres Körpers. Dies ist umso relevanter, je länger der Flug andauert. Der Körper kann bis zu 0,5 Liter Flüssigkeit pro Flugstunde verlieren, was satten 5 Litern auf einem 10 Stunden Flug entspricht!

Die Folge sind trockene Augen und Nasenschleimhäute, ein trockener Hals, Kopfschmerzen, Mattigkeit, Bluthochdruck und Stress.

Ein dehydrierter und gestresster Körper tut sich deutlich schwerer mit Zeitumstellungen (Jetlags) und trockene Schleimhäute sind extrem anfällig für Bakterienbefall, was die Entstehung von Infekten im Anschluss an Ihren Flug fördert.

Trinken Sie jetzt noch Alkohol, entziehen Sie Ihrem Körper noch zusätzlich Wasser und tun sich somit nichts Gutes (das gilt im Übrigen auch für Kaffeegenuss).

Zu guter Letzt berauben Sie sich im Falle eines unwahrscheinlichen Zwischenfalls noch selbst Ihrer Möglichkeiten, klare Entscheidungen zu treffen, wenn Alkohol oder Medikamenten Ihre Reaktionsfähigkeit herabsetzen und Ihre Sinne vernebeln.

Mein Rat: Finger weg von Alkohol und Medikamenten. Trinken Sie zudem viel Wasser oder Selters, um dem Körper ausreichend mit Flüssigkeit zu versorgen. Probieren Sie es mal aus. Sie werden überrascht sein, wie gut Sie beim nächsten Mal mit Ihrem Jetlag zurechtkommen werden! ■

1.17
WELCHE ABKÜRZUNGEN AUS DER LUFTFAHRT SIND FÜR SIE INTERESSANT?

EASA	European Aviation Saftey Association
ETOPS	Extended Twin-Engine Operations
LBA	Luftfahrtbundesamt
ICAO	International Civil Aviation Organization
IATA	International Airline Transport Association
DFS	Deutsche Flugsicherung
L/H	Left hand (links)
R/H	Right Hand (rechts)
A/C	Aircraft
APU	Auxillary Power Unit
RWY	Runway
CRJ	Canadair Regional Jet
IFE	Inflight Entertainment
ATPL	Airline Transport Pilot Licence
PF/PNF	Pilot (Not) Flying
FMS	Flight Management System
ILS	Instrument Landing System
TA	Transition Altitude
DH	Decision Height
DME	Distance Measuring Equipment
ALT	Altitude
HDG	Heading
VFR	Visual Flight Rules
IFR	Instrument Flight Rules
CTOT	Calculated Take Off Time
CAT	Clear Air Turbulence
FL	Flight Level
RVSM	Reduced Vertical Separation Minimum
TCAS	Traffic Alert and Collision Avoidance System
FDR	Flight Data Recorder
CVR	Cockpit Voice Recorder

2
FLUGPHASEN

©lightpoet/123RF.com

2.1 WIE SIEHT EIN NORMALER FLUGABLAUF AUS?

Jeder der von Ihnen schon einmal geflogen ist kennt den typischen Flugverlauf: Rollen, Starten, Steigen, Reiseflug, Sinken und Landen. Das geht jedoch noch etwas präziser. Der komplette Flugablauf gliedert sich in 8 Flugphasen:

0 Flugvorbereitung
1 Take-Off
2 Steigflug
3 Reiseflug
4 Sinkflug
5 Landeanflug
6 Endanflug
7 Landung
8 Flugnachbereitung

Die Flugvorbereitung (Phase 0) dient in erster Linie der Flugbesatzung dazu sich auf den kommenden Flug einzustellen. Hier werden sämtliche Informationen zusammengetragen, um der Bordbesatzung ein genaues Bild zu vermitteln, was sie auf diesem Flug zu erwarten und zu beachten haben. Weitere interessante Details zur Flugvorbereitung, beantworte ich Ihnen in Frage 2.2 (siehe Seite 34).

Die Take-Off Phase (Phase 1) beinhaltet einiges mehr als nur den Flugzeugstart. Es umfasst grob das Einsteigen, Rollen, Starten und Abheben des Flugzeuges.

Während der folgende Steigflug (Phase 2) und der Reiseflug (Phase 3) selbsterklärend sind, möchte ich Ihnen noch kurz den Unterschied der drei Sinkphasen erläutern.

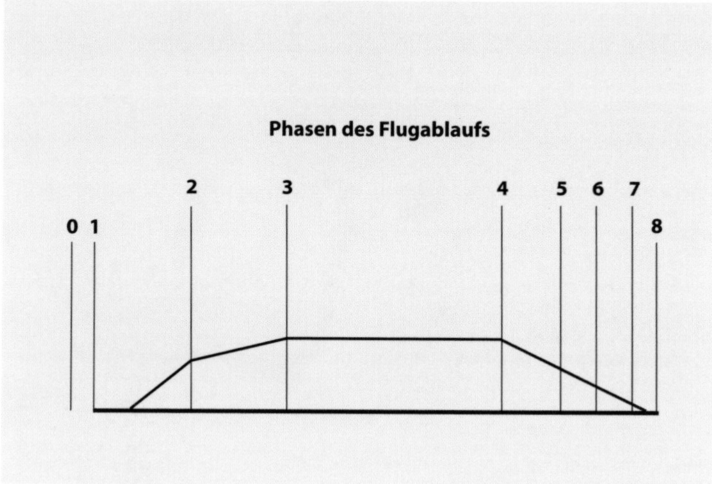

Die Einleitung des Sinkfluges (Phase 4) spüren Sie als Passagier sofort. Woran? Richtig, an den Ohren. Der Druck auf den Ohren entsteht durch die Veränderung der Druckverhältnisse in der Kabine was zu einem Druckunterschied zwischen Ihrem äußeren Gehörgang und Ihrem Mittelohr führt. Durch Gähnen, auf die Zähne beißen oder Schlucken wird der Druckausgleich gefördert.

Landeanflug (Phase 5) und Endanflug (Phase 6) sind durch Sie als Passagier kaum zu unterscheiden. Für den Endanflug ist charakteristisch, dass das Flugzeug zur Landebahn ausgerichtet ist und somit in der Regel keine Kurven mehr fliegt.

Die Landung, auch »Touch Down« genannt (Phase 7) beinhaltet neben dem Aufsetzen des Flugzeuges auf der Landebahn auch das Rollen zum Gate oder das Aussteigen der Passagiere.

Im Anschluss endet der Flug mit der Flugnachbereitung (Phase 8). Hier wird der vorausgegangene Flug noch einmal nachbesprochen. Gab es unerwartete Besonderheiten? Ist die Besatzung gesund? Ist etwas kaputt gegangen? Und so weiter. ■

©Monika Wisniewska/123RF.com

2.2 WAS MACHEN PILOTEN BEI DER FLUGVORBEREITUNG?

Eine solide Flugvorbereitung beginnt weit vor dem Einsteigen der Passagiere. Die gesamte Bordbesatzung sichtet, analysiert und bespricht die zusammengetragenen, flugrelevanten Informationen. Insbesondere die Cockpitcrew benötigt vor jedem Flug spezifische Informationen, von denen ich Ihnen die Wichtigsten im Folgenden aufliste und erkläre:

- Flugplan
- Streckenkarten
- Windkarten
- Wetterkarten
- NOTAM's (NOtice To AirMen)
- Betankungsmengen
- Beladungsbericht (Weight & Balance)
- Passagierlisten
- NOTOC (Notification to Captain)

Der Flugplan beinhaltet flugbezogene Daten, die sich zum einen direkt auf das Flugzeug beziehen (Kennzeichen, Farbe, Größe, Ausstattung usw.), zum anderen die Art des Fluges definiert (Passagier oder Fracht, Ambulanz- oder Diplomatenflug, nach Sicht- oder Instrumentenflugregeln usw.). Des Weiteren beinhaltet der Flugplan die geplante Flugroute, welche anhand von Streckenkarten erstellt wurde. Diese Streckenkarten werden natürlich im sogenannten FlightKit fail-safe (digital und in Papierform) im Cockpit mitgeführt.

Wetter- und Winddaten sind ebenfalls unerlässlich, will man doch wissen, wie das Wetter zur Abflugzeit, als auch zur geplanten Ankunftszeit am Zielort sein wird. Nicht zuletzt ist das Wetter, insbesondere die vorherrschenden Winde während des Fluges von großem Interesse, da diese unter Umständen den Bordservice und das Wohlbefinden der Passagiere mittels Turbulenzen beeinflussen können.

NOTAM's sind wissenswerte Informationen rund um den geplanten Flug. Hier steht beispielsweise drin, wenn eine Landebahn am Zielort wegen Reparatur gesperrt ist, Lichter einer Landebahn nicht funktionieren oder hohe Baukrähne im An- oder Abflugsbereich eines Flughafens stehen. Hier wird auch auf die Öffnungszeiten von Flughäfen hingewiesen oder auf lokale Besonderheiten, beispielsweise die Verfügbarkeit von Wartung an Flughäfen oder speziellen Anflugshilfen.

Beladungszustand und Betankungsmengen gehen ebenfalls Hand in Hand. Der Pilot muss zu jedem Zeitpunkt wissen wie schwer sein Flugzeug ist. Aufgrund dieses Gewichtes berechnet er dann das benötigte Kerosin für den bevorstehenden Flug. Weitere interessante Details zu Betankungsmengen finden Sie in Frage 2.3 (siehe Seite 36).

Passagierlisten informieren die Bordbesatzung zunächst einmal darüber wie viele Menschen sich überhaupt an Bord befinden. Insbesondere informiert die Passagierliste, ob es Menschen an Bord gibt die einer besonderen Aufmerksamkeit bedürfen. Sind beispielsweise elternlose Kinder an Bord, Menschen im Rollstuhl, Hör- oder Sehbehinderte Personen usw.? All diese Informationen tragen maßgeblich zur Sicherheit im Falle einer Evakuierung ein.

Zu guter Letzt steht in der Notification to Captain, alles Wissenswerte über beispielsweise eine Spezialfracht. Ist diese ätzend oder brennbar, kann was auslaufen oder Gas entströmen? Sind vielleicht lebende Tiere oder leicht verderbliche Lebensmittel im Frachtraum? All diese Besonderheiten müssen beim Transport berücksichtigt und der Cockpitcrew bekannt gemacht werden, da Sie im Falle eines Zwischenfalls erheblichen Einfluss auf die Rettungsmaßnahmen haben. ■

©Aleksandr Papichev/123RF.com

2.3 WIE VIEL TANKT EIN FLUGZEUG EIGENTLICH?

Diese Frage lässt sich nicht einheitlich beantworten. Ein großer Jumbo Jet muss mehr tanken als eine Boeing B737. Zum Verständnis: Ein vollbetankter JumboJet (B747) fasst ca. 175 Tonnen Kerosin, was ca. 220.000 Litern entspricht. Eine vollbetankte Boeing 737 Classic fasst ca. 16 Tonnen Kerosin, was einer Menge von ca. 20.000 Litern Kerosin entspricht.

Doch wie berechnet der Pilot die genaue Menge, die er vor Flugantritt tanken muss. Da er den spezifischen Verbrauch (auch Fuel Flow genannt) seines Flugzeuges kennt, berechnet er folgende Mengen:

1. Trip Fuel:
Unter Berücksichtigung des Flugzeuggewichtes und den zum Flugzeitpunkt herrschenden Wetterbedingungen (zB. Gegenwinde), berechnet er die erforderliche Kerosinmenge für den Flug von A nach B

2. Holding Fuel:
Für den Fall, dass das Wetter oder die Verkehrssituation am Zielflughafen bei Ankunft nicht optimal ist, berechnet der Pilot eine Menge Kerosin, die für 30 Minuten Warteschleifen (Holdings) über dem Zielflughafen ausreichend ist

3. Alternate Fuel:
Für jeden Flug wird vor Flugantritt ein Ausweichflughafen bestimmt. Der Pilot berechnet entsprechend die Menge Kerosin, die für die Route zum Ausweichflughafens gebraucht wird (Flug von B nach C)

4. Contingency Fuel:
Die Kraftstoffreserve entspricht 5% des Trip Fuels (siehe 1.)

Addiert man nun die entsprechenden Mengen 0+1+2+3+4 erhält man das absolute Kerosin-Minimun, was jeder Pilot vor Flugantritt berechnen und Tanken muss.

Darüber hinaus liegt es im Ermessen des Flugkapitäns weitere Mengen Kerosin zu tanken. ■

2.4 WAS SIND EIGENTLICH SLOTS?

Kennen Sie das? Sie haben gerade im Flugzeug Ihren Sitzplatz eingenommen, sind gedanklich auf Abflug vorbereitet und dann kommt folgende Durchsage aus dem Cockpit:

»Sehr geehrte Damen und Herren, ein paar kurze Informationen für Sie aus dem Cockpit. Alle Türen sind geschlossen, die Vorbereitungen soweit abgeschlossen, so dass es auch von uns aus auch losgehen könnte, doch leider hat uns die übergeordnete Flugkontrolle eine neue Abflugzeit zugewiesen, so dass wir von jetzt ab erst in 30 Minuten die Triebwerke anlassen und unsere Parkposition verlassen dürfen...«

Dies ist ein sogenannter »Airway Slot«, vergeben von Eurocontrol in Brüssel. Eurocontrol ist quasi ein übergeordneter Tower der den gesamten Luftraum und Luftverkehr in Europe überwacht. Die Fluglotsen in Brüssel sehen das es irgendwo in Europa zu einem Stau und damit einem überfüllten Luftraum kommt. Als Folge verbieten sie allen Flugzeugen zu starten, die diesen überfüllten Luftraum nur noch weiter anreichern würden und verschieben deren Abflugzeiten nach hinten, damit der Stau Zeit hat sich aufzulösen. Dies gelingt ihnen durch die Vergabe spezifischer »Abflugfenster«, den Slots.

Der zugewiesene neue Slot hat eine Toleranz von -5 bis +10 Minuten und gibt die neue sogenannte »Calculated Take Off Time (CTOT)« vor.

Haben wir also beispielsweise eine Abflugzeit gemäß Flugplan von 14:00 Uhr und wir bekommen aus Brüssel von Eurocontrol einen Slot von 14:35 CTOT, dann muss unser Flug zwischen 14.30 und 14:45 starten, ansonsten bekämen wir eine neue Zeit zugewiesen.

Gerade an großen Flughäfen muss das Flugzeug oftmals das Gate bei längeren Wartezeiten verlassen, um seine woanders am Flughafen zu parken und Platz für nachfolgende Flüge am Gate zu machen. Da das Flugzeug jedoch praktisch startklar ist, können die Piloten den zugewiesenen Slot streichen lassen um einen neuen zu beantragen. Dieser kann, muss aber nicht zwangsläufig früher liegen.

Neben einem überfüllten Luftraum können auch andere Faktoren die Vergabe eines Slots auslösen. Dazu gehören beispielsweise Flüge mit Priorität wie die von Staatsoberhäuptern, Ambulanzflüge oder Search & Rescue Flüge. ■

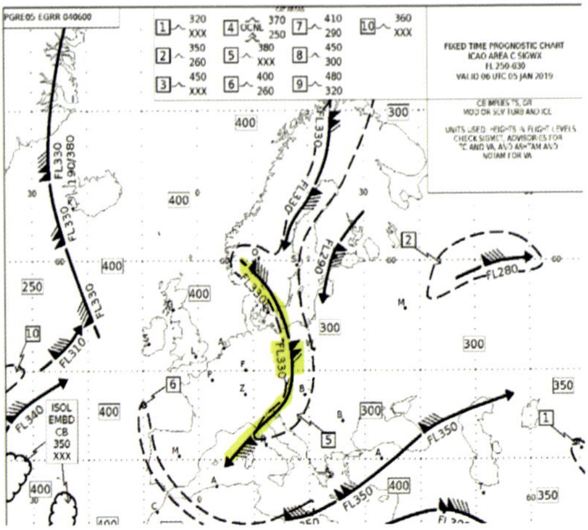

Windkarte Europa, hoher Luftraum

2.5 WISSEN PILOTEN SCHON VOR DEM FLUG OB ES TURBULENZEN GEBEN WIRD?

Ja und nein. Während der Flugvorbereitung informieren sich die Piloten anhand von Wetter und vor allem Windkarten daran, was sie auf dem bevorstehenden Flug erwartet. Eine solche Windkarte für Europa ist oben abgebildet. Nehmen Sie sich etwas Zeit sich zu orientieren. Wenn Sie Großbritannien gefunden haben, bemerken Sie, dass London mit einem »L« gekennzeichnet ist. Des Weiteren finden Sie beispielsweise A, F, P oder Z für Amsterdam, Frankfurt, Paris oder Zürich. Dies dient zur besseren Orientierung auf der Karte.

Die großen schwarzen Linien entsprechen den Windrichtungen in luftiger Höhe. Die Höhe ist mit der Abkürzung »FL« für Flight Level angegeben. Mehr dazu in Frage 2.8 (siehe Seite 43). Die Stärke des Windes wird mit den Dreiecken und Linien auf dem Windpfeil beschrieben, wobei ein Dreieck für jeweils 50 Knoten und ein Strich für jeweils 10 Knoten Windgeschwindigkeit steht (1 Knoten = 1,852 Kilometer pro Stunde).

Der in der Grafik gelb markierte und von Nord nach Süd verlaufenden Wind hat demnach eine Höhe von FL330, das heißt in 33.000 Fuß sowie eine Windgeschwindigkeit von 110 Knoten = ca. 200 km/h.

Würde uns unsere Flugplanung nun beispielsweise einen Flug von Frankfurt nach Moskau in einer geplanten Reiseflughöhe von 33.000 Fuß vorsehen, wüsste der Pilot, dass ihn bei Überqueren der Grenze zu Polen ein kräftiges Lüftchen erwartet. Dies nutzt er, in dem er entweder eine höhere oder tiefere Reiseflughöhe wählt oder aber – je nach zu erwartendem Wind – die damit verbundenen Turbulenzen in Kauf nimmt. ■

©Christopher Heil/123RF.comcom

2.6 WELCHE NOTAUSRÜSTUNG GIBT ES AN BORD?

Die Notausrüstung eines Flugzeuges ist extrem umfangreich, denn es gibt neben Anschnallgurten, Schwimmwesten und Notrutschen weit mehr an Bord als Sie glauben! Vor Flugantritt und quasi unmittelbar nach Betreten des Flugzeuges, werden durch die Borbesatzung sämtliche Systeme, insbesondere Not- und Sicherheitssysteme sowie die gesamt vorhandene Notfallausrüstung auf Funktionsfähigkeit und Vollständigkeit hin überprüft.

Wir haben zunächst einmal an jedem Sitz einen Sicherheits – bzw. Anschnallgurt. Diese Gurte existieren für Sie als Passagiere in Form von »Beckengurten«. Flugbegleiter und Cockpitbesatzung genießen zusätzlichen Schutz, denn sowohl die Sitze der Flugbegleiter (sogenannte Jump Seats) als auch die Sitze der Cockpitbesatzung haben Mehrpunktgurte, die sich von den gewöhnlichen Beckengurten durch beispielsweise zusätzliche Schulterriemen abheben.

Ebenfalls recht bekannt ist die Schwimmweste (Life Jacket). Per Gesetz ist die Schwimmweste jedoch kein Pflichtbestandteil der Notausrüstung, solange das Flugzeug nicht in Gebieten fliegt, startet oder landet, welches von Wasser umgeben ist. In der Praxis ist das allerdings nur schwerlich machbar. Flugzeugrotationen, bedingt durch spontane Wartungsereignisse, oder das Anfliegen von Ausweichflughäfen, wenn der Zielflughafen geschlossen wird, sind Szenarien die sich nun mal nicht gänzlich ausschließen lassen.

Der Gesetzgeber schreibt vor, dass für jede Person an Bord eine Schwimmweste vorhanden sein muss, wenn:

1. …die Start- oder Landebahn von Wasser umgeben oder in der Art am Wasser gelegen ist, dass im Falle eines Zwischenfalls mit einer Wasserberührung zu rechnen wäre.

2. … bei jedem Start, bei erwartet längeren Flugabschnitten und bei Landeanflügen über entsprechende Wasserflächen hinweg geflogen werden muss.

3. …oder bei einem Reiseflugabschnitt über Wasser, eine Entfernung von mehr als 90 km zum Festland vorliegt.

Sauerstoffmasken dienen Ihnen zur Versorgung mit Atemluft im Falle eines extrem unwahrscheinlichen Druckverlustes. Sie befinden sich über Ihnen in der Kabinendecke und können auf zwei verschiedenen Weisen aus der Kabinendecke entriegelt werden.

Zum einen geschieht eine Entriegelung automatisch, wenn der Kabinendifferenzdruck eine gewisse Toleranzzone verlässt. Das System merkt automatisch dass etwas nicht stimmt und löst den entsprechenden Mechanismus aus. Zum anderen kann die Cockpitbesatzung jederzeit und manuell eine solche Entriegelung vornehmen.

Sind die Masken nun aus der Kabinendecke gefallen heißt das noch nicht, dass entsprechender Sauerstoff auch in den Leitungen fließt. Ein Sauerstofffluss wird erst erzeugt, wenn Sie die Maske zu sich heranziehen und somit ein entsprechendes Ventil öffnen. Sie bekommen im Übrigen keinen reinen Sauerstoff, sondern nur deutlich mit Sauerstoff angereicherte Atemluft. Der wirklich reine Sauerstoff ist nur der Bordbesatzung vorbehalten.

Vor jedem Start, hat sich der Pilot davon zu überzeugen, dass einerseits genügend Sauerstoff für alle an Bord ist und andererseits der Sauerstoff auch fließt. Dies prüft er beispielsweise durch Betätigung seiner eigenen Sauerstoffmaske. Der Sauerstoffvorrat in der Kabine reicht für ca. 10-12 Minuten, was weit länger ist, als für ein Sinkmanöver von Reiseflughöhe auf ca. 3000 Meter gebraucht wird. Zusätzlich gibt es diverse portable Sauerstoffflaschen, die bei Bedarf zu Verfügung stehen.

Um ein Flugzeug im Notfall schnell evakuieren zu können, befindet sich an jedem Notausgang eine Notrutsche (Slide), um auch ohne Treppe das Flugzeug verlassen zu können.

Bei Langstreckenflugzeugen ist es nicht ungewöhnlich, dass die Notrutsche gleichzeitig als »Floss« (Raft) dient, die im Anschluss an eine Evakuierung auf dem Wasser vom Flugzeug gelöst werden kann und nun als »Rettungsboot« fungiert.

Die Notrutschen werden über einen Verriegelungs-mechanismus der Tür »scharf« geschaltet. Wird die Tür geöffnet, entfalten sich die Notrutschen automatisch. Als Passagier erkennen Sie das »Scharfschalten« der Notrutschen durch die Ansage an die Bordbesatzung: »Cabin attendants, all doors in FLIGHT (and crosscheck, please)«, Werden die Notrutschen nach der Landung wieder »entschärft« hören Sie das Kommando: »Cabin attendants, all doors in PARK!«

Es gibt des Weiteren diverse Utensilien zur Feuerbekämpfung. Neben portablen und festinstallierten Feuerlöschern und Löschanlagen (beispielsweise für die Triebwerke und Frachträume) gibt es unzählige Feuer- und Rauchmelder, Atem- und Rauschutzmasken, feuerfeste Handschuhe und entsprechendes Werkzeug, um sich Zugang zu Brandherden zu schaffen.

Es sei an dieser Stelle mit besonderer Betonung erwähnt, dass das Rauchen an Bord eines Flugzeuges per Gesetz verboten und rigoros bei Zuwiderhandlung, als gefährlicher Eingriff in den Luftverkehr, verfolgt und bestraft wird!

Für den Fall, dass die Bordsprechanlage (PA-System – Passenger Address System) eines Flugzeuges einmal ausfällt, führt jedes Flugzeug mindestens ein Megaphon mit sich, um die Kommunikation von Anweisungen seitens der Bordbesatzung, sowohl innerhalb als auch außerhalb der Kabine, zu gewährleisten.

Handfackeln und Signalraketen dienen im Fall einer Evakuierung dazu sich für Rettungskräfte bemerkbar zu machen und eine unter Umständen an Bord mitgeführte Polarausrüstung beinhaltet im Wesentlichen Schutzanzüge und Utensilien gegen Kälte, sowie entsprechende Werkzeuge.

Jedes Flugzeug ist mit zudem mit einem Notsender (ELT – Emergency Locator Transmitter) ausgerüstet. Dieser Sender kann entweder manuell durch die Cockpitbesatzung ausgelöst werden oder aber durch Berührung mit Wasser oder Registrierung erhöhter g-Kräfte. Das ELT sendet auf mehreren Frequenzen und dient den Rettungsgeräten zur Lokalisation des Flugzeuges.

Last but not least gibt es an Bord einen bemerkenswert ausgestatteten Erste-Hilfe-Koffer, das sogenannte Doctors Kit. Dazu aber mehr in Frage 6.23 (siehe Seite 134). ■

2.7 WARUM SACKT EIN FLUGZEUG MEIST KURZ NACH DEM START EINMAL AB?

Sie alle wissen wie es sich anfühlt, wenn das Flugzeug Gas gibt. Sie werden in die Sitze gedrückt, das Flugzeug beschleunigt und hebt ab. Aber sicherlich ist Ihnen schon aufgefallen, dass das Flugzeug kurz nach dem Start vermeintlich absackt? Die Triebwerksgeräusche werden ebenfalls deutlich leiser und so manch einer zeigt erste Flugangstsymptome. Denn immerhin wollten wir doch gerade mit Vollpower abheben und steigen…

Nun, ich möchte es Ihnen erklären. Zum Ende des Take-Offs (Phase 1, Frage 2.1, siehe Seite 32), also ca. 30–60 Sekunden nach dem Abheben, nimmt der Pilot die Triebwerksleistung wieder zurück, um einem vorzeitigen Triebwerksverschleiß durch die hohe Startleistung vorzubeugen. Ferner senkt der Pilot etwas die Flugzeugnase und steigt mit einer niedrigeren Steigrate weiter, da bereits genügend »Ersthöhe« als Sicherheit gewonnen wurde. Es ist ein bisschen wie beim Autofahren in den Kasseler Bergen… Zu Beginn gebe ich viel Gas im Auto, um das erste steile Stück des Berges rauf zu kommen. Lässt die Steigung jetzt etwas nach, brauche ich auch nicht mehr so viel Gaspedal beim Auto.

Sie bemerken diesen Flugphasenübergang in der Kabine infolge eines deutlich reduzierten Geräuschpegels und eines abnehmenden »Beschleunigungsgefühls«. Obgleich wir weiter steigen, können Sie als Passagier das Gefühl haben aus dem Sitz zu fallen.

Dies begründet sich mit dem Gleichgewichtssinn in Ihrem Ohr. Ihr Gleichgewichtssinn gewöhnt sich nämlich nach dem Start an diese neue steigende Bewegung, samt Winkel und Beschleunigung.

Wenn jetzt der Winkel und die Beschleunigung im Cockpit verändert werden, sich die Flugzeugnase also etwas senkt, und Gas weggenommen wird, registriert Ihr Gleichgewichtssinn diese Veränderung und lässt Sie kurzerhand so fühlen, als ob Sie aus dem Sitz gezogen werden, da Ihr Gleichgewichtssinn noch auf die alte Steigrate programmiert war. Mit anderen Worten: Ihr Körper will eigentlich gemäß Ihres Gleichgewichtorgans weiter nach oben und beschleunigt werden. Da dies nicht der Fall ist reagieren SIE mit dem Gefühl, das Flugzeug bliebe hinter ihnen zurück und sackt ab. Sie unterliegen also einer klassischen Sinnestäuschung. ■

2.8 WAS SIND DIE SOGENANNTEN FLIGHTLEVEL (FL)?

Flughöhen werden in der Fliegerei in der Regel nicht in Metern angegeben, sondern in Fuß. Wir unterscheiden Flughöhen mit Bezug zur Erdoberfläche und Bezug auf die Meeresoberfläche.

Die Anzeige der Höhe ist abhängig vom Luftdruck. Daher ist es in niedrigen Flughöhen, beispielsweise zu Start und Landung an Flughäfen extrem wichtig den korrekten und aktuell vorherrschenden Luftdruck am Höhenmesser einzustellen, um korrekte Höhenanzeigen zu erlangen.

Wie wir in Frage 4.9 (siehe Seite 82) erfahren werden benutzen wir im hindernisfreien Raum, also oberhalb der Transition Altitude (TA), den weltweit einheitlichen Standardluftdruck. Wir machen uns also unabhängig vom Wetter und dem tatsächlich vorherrschenden Luftdruck am Boden. Somit haben alle Flugzeuge überhalb der TA die gleichen Höhenanzeigen.

Flight Level sind somit Flugflächen oberhalb der TA, denen ein weltweit einheitlicher Luftdruck zu Grunde liegt, um standardisierte und einheitliche Höhenangaben zu erhalten, welche unabhängig der vorherrschenden Wetterlage sind. ■

©arenaphotouk/123RF.com

2.9 WELCHE ABSTÄNDE HABEN FLUGZEUGE IM REISEFLUG?

Für die Abstände von Flugzeugen wurden mehrere Regeln eingeführt. Zum einen gibt es die Halbkreisflughöhen zum anderen gibt es das sogenannte »Reduced Vertical Seperation Minima« (RVSM).

Die Halbkreisregeln besagen, dass Flugzeuge mit einem Kurs zwischen 0 bzw. 360° (Nord) und 179° Süd) eine ungerade tausender Flughöhe einnehmen müssen, von 180° (Süden) bis 359 (Norden) einen geraden Tausender. Ein Beispiel: Hat das Flugzeug einen nach Osten weisenden Kurs, beträgt seine Reiseflughöhe beispielsweise 13.000 Fuß, 15.000 Fuß, 17.000 Fuß usw. Ein nach Westen fliegendes Flugzeug muss demnach eine Flughöhe von 12.000 Fuß, 16.000 Fuß, 16.000 Fuß usw. einhalten.

Dies bedingt, dass Flugzeug die in selber Richtung fliegen mindestens 2000 Fuß vertikalen Abstand haben, sich entgegenkommende Flugzeuge mindestens 1000 Fuß.

Durch den immer dichtenden werdenden Flugverkehr wurde Anfang dieses Jahrtausends das RVSM über Europa eingeführt. Dies erlaubte eine dichtere vertikale Staffelung von Flugzeugen in Flughöhen zwischen 29.000 Fuß und 41.000 Fuß, um die vorhandenen Luftstraßen effizienter zu nutzen. RVSM ermöglicht einen vertikalen Abstand von nur 1000 Fuß, wofür jedoch verschiedene technische Voraussetzungen im Flugzeug nötig sind.

Im horizontalen Abstand sind zwischen 3 Nautischen Meilen (5,6km) und 8 Nautischen Meilen (14,6km) vorgeschrieben, je nach Größe des voraus und im Anschluss fliegenden Flugzeuges. ■

2.10 WAS GENAU SIND WARTESCHLEIFEN?

Als Warteschleife (Holding) bezeichnet man das Kreisen eines Flugzeuges über einem spezifischen Punkt (Holding Fix) in der Nähe des Flughafens. Aber warum ist das nötig?

Jeder Flughafen kann nur eine bestimmte Anzahl von Flugzeugen pro Zeiteinheit landen lassen. Es muss zudem, abhängig vom Flugzeugtyp, ein bestimmter zeitlicher und damit räumlicher Abstand zwischen den Flugzeugen eingehalten werden, um ein nachfolgendes Flugzeug vor Luftverwirbelungen, sogenannten Wirbelschleppen, des vorausfliegenden Flugzeuges zu bewahren.

Wird der aufkommende Verkehr am Flughafen nun zu hoch, hat der Lotse im Tower auf die Abstände zu achten und bringt alle Flugzeuge, speziell die die landen wollen in eine Reihenfolge. Er puffert quasi den Verkehr. Mit jeder neuen Landeerlaubnis zieht sich der Tower dann ein Flugzeug aus der Warteschleife raus und lässt es landen.

Ein sogenanntes Standard-Holding Pattern, also eine normale Warteschleife wird rechtsherum geflogen, beginnend mit einer 180°-Kurve. Es folgt ein Geradeausflug von einer Minute um dann wieder eine 180°-Rechtskurve mit anschließendem Geradeausflug zu fliegen. Eine Warteschleife dauert im Standard exakt 4 Minuten, was sowohl dem Tower, als auch den Piloten als Kalkulationsgrundlage für eine exakte Landezeitberechnung dient.

Die häufigsten Gründe für Warteschleifen sind:

- Entzerren und Staffeln des ankommenden Verkehrs
- Blockierung oder Ausfall einer Landebahn
- Verschlechterung von Wetterbedingungen und damit Vergrößerung der Flugzeugabstände
- Flugzeuge mit Priorität bekommen Vorrang

Sowohl der Tower als auch die Piloten versuchen Warteschleifen zu vermeiden, wann immer es geht. Gehen sie doch meist mit Verspätungen, erhöhtem Kerosinverbrauch und Unzufriedenheit der Passagiere einher, was für alle Beteiligten am Ende nur nervig ist.

Dennoch sind sie ein mehr als sinnvolles Flugmanöver, um den Verkehr rund um Flughäfen geordnet ablaufen zu lassen. Entspannen Sie sich also an Bord und versuchen Sie die letzten Schlucke Ihres Drinks noch etwas länger zu genießen. ■

2.11 WARUM VERSPÄTEN SICH FLUGZEUGE?

Es gibt eine ganze Reihe von Gründen die zu einer Flugverspätung führen können. Tatsächlich tracken die Airlines diese Gründe sogar mittels sogenannter »Delay Codes«. Diese dienen vor allem dazu den Schuldigen für eine Verspätung festzuhalten, denn jede Minute kostet Geld, welches sich die Airline bei Fremdverschulden natürlich gerne zurückholt. Nicht zuletzt nährt es die Statistik, um in gewissen Zeitintervallen Auswertungen zum Zwecke der Ursachenforschung zu betreiben.

Typische Gründe für Flugverspätungen sind:

- Hohes Verkehrsaufkommen aufgrund Verschlechterung von Wetterverhältnissen
- Technische Probleme
- Warten auf Anschlussflüge
- Kofferausladungen
- Nichtverfügbarkeit von Bodendiensten (Treppen, Belader usw.)
- Zu spätes Ankommen des Vorfluges (late income)
- Spontan umgebuchte Passagiere für die beispielsweise extra Catering besorgt werden muss
- Streiks

Ein weiterer Verspätungsgrund könnte sein, dass ein Pilot was Essen, beispielsweise Frühstücken muss. Sie schütteln jetzt bestimmt ungläubig den Kopf, aber lassen Sie es mich erklären!

Stellen Sie sich vor, dass Sie heute früh um 6:00 Uhr einen Flug als Pilot von Hamburg nach Frankfurt antreten hätten sollen. Nun fühlen Sie sich nicht so gut und teilen Ihrer Airline mit, dass Sie Ihren Flug nicht voll konzentriert absolvieren können. Die Airline sorgt jetzt für Ersatz, in dem sie mich anruft. Ich hätte heute frei, stand aber »Standby« und wollte eigentlich später mit meiner Familie brunchen gehen.

Nun ziehe ich mich an, fahre zum Flughafen und bereite mich auf den Abflug vor, während Sie alle schon gebannt auf die Uhr schauen, wann es denn endlich losgeht. Im Anschluss an meine Flugvorbereitung gehe ich dann tatsächlich etwas frühstücken – und Sie warten weiter – weil ich keinen Flug antreten darf, wenn eines der Grundbedürfnisse wie Hunger, Durst, Schlaf oder Toilettenbesuch nicht gestillt wurde.

Der Grund hierfür liegt in der unter Umständen fehlenden Konzentration und Aufmerksamkeit.

Ist ja auch logisch! Oder arbeiten Sie konzentriert, wenn Sie Hunger haben oder auf die Toilette müssen? Sehen Sie, Piloten auch nicht!

Leider kann man morgens um 08:00 Uhr keinem Passagier glaubhaft am Gate verkaufen: »Sehr geehrte Damen und Herren, leider verzögert sich der Abflug ihres Fluges XY123 noch um eine halbe Stunde, da Ihr Pilot erstmal frühstücken geht…«. Das Personal erfindet daher Ausreden, um die Passagiere zu beschwichtigen (beispielsweise technische Probleme), obgleich aus sicherheitsrelevanter Perspektive das Frühstück hier notwendig, gut und richtig ist!

Fazit: Flugverspätungen sind so individuell wie das Leben. Aber nicht jeder genannte Grund ist auch die wahre Ursache für die Verspätung. ■

©Rad K/Shutterstock.comcom

2.12 WARUM WIRD FÜR START UND LANDUNG IN DER KABINE DAS LICHT AUSGEMACHT?

Das Dimmen oder gar Ausmachen der Kabinenbeleuchtung ist eine vorsorgliche Sicherheitsmaßnahme die besonders Flüge bei Dunkelheit betrifft. Sicherlich haben Sie schon einmal beobachtet wie ein Flugbegleiter einen Passagier am Fenster gebeten hat die Sonnenblenden zum Start respektive zur Landung (wieder) zu öffnen? Die Gründe hierfür sind nahezu die gleichen.

Sollte es zu einem Zwischenfall kommen und das Flugzeug müsste evakuiert werden, ist es von hoher Relevanz, dass die Lichtverhältnisse in der Kabine denen der Außenumgebung ähneln. Warum? Weil unsere Augen länger brauchen sich von Licht an Dunkelheit zu gewöhnen als umgekehrt. Wäre es draußen dunkel und in der Kabine taghell, verlieren Sie wertvolle Minuten, um sich detailliert sehend außerhalb des Flugzeuges orientieren zu können. Umgekehrt ist es zwar nicht ganz so schlimm aber auch hier kennen Sie alle den Effekt, wenn Sie aus einem dunkeln Raum in die Sonne treten: Sie sind geblendet und können für einige Momente nicht wirklich gut sehen.

Um diese Hell-Dunkeladaption unserer Augen zu unterstützen, wird versucht, die Innenbeleuchtung des Flugzeuges an die Umgebungsbeleuchtung anzunähern.

Nicht zuletzt dienen offene Sonnenblenden der Crew dabei sich im Falle eines Notfalls zu orientieren, um die besten Fluchtwege zu evaluieren und die richtigen Entscheidungen zu treffen. ■

©digidreamgrafix/123RF.com

3 TECHNISCHE SYSTEME

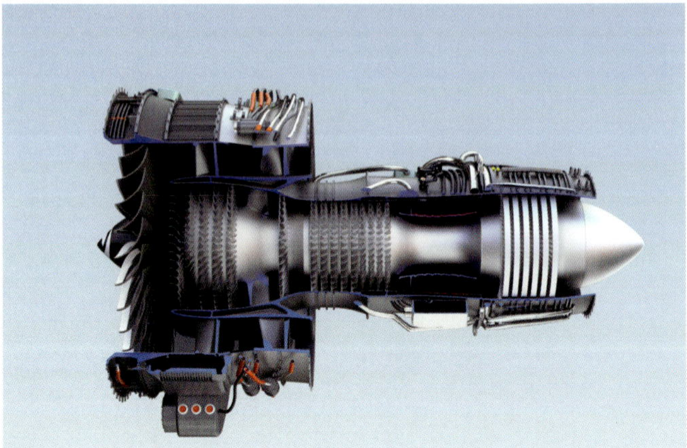

©Chesky/Shutterstock.com

3.1 WIE FUNKTIONIERT EIGENTLICH EIN TRIEBWERK?

Die Triebwerke dienen als Antrieb des Flugzeuges und besitzen damit die vorrangige Aufgabe, den nötigen Schub zu Verfügung zu stellen, um an den Tragflächen mittels entsprechender Geschwindigkeit genügend Auftrieb zu produzieren.

Strahltriebwerke sind Gasturbinen und in ihrer heutigen Form meist Turbinen-Luftstrahltriebwerke, welche nach dem Prinzip des Rückstossantriebes (wie Raketen) arbeiten. Ihre Funktionsweise ist einfach erklärt:

Anströmende Luft wird vorne ins Triebwerk eingesaugt, verdichtet und mittels Zugabe von Kerosin in der Brennkammer verbrannt. Durch die Verbrennung wird das Gasgemisch schlagartig expandiert und ausgestoßen. Die hinter der Brennkammer liegende Turbine treibt die Expansion weiter voran und erhöht zusätzlich die Strömungsgeschwindigkeit der ausgestossenen Luft, um schließlich in der Schubdüse, der sogenannten Nozzle, den maximalen Schub zu erzeugen.

Das Triebwerk hat neben der Vortriebserzeugung noch zahlreiche weitere Aufgaben, von denen ich Ihnen einige beispielhaft benennen möchte:

- Antrieb von Hydraulikpumpen, zur Versorgung hydraulischer Systeme
- Antrieb von elektrischen Generatoren zu Stromerzeugung
- Bereitstellen von Luft für die Klimaanlage und Druckkabine
- Antrieb von Schubumkehrer (Reverser) nach der Landung
- Bereitstellung von heißer Luft entlang eines Rohres an der Vorderkante der Tragflächen, im Sinne der Vermeidung von Eisansatz an den Flügeln (Versorgung des Anti Ice Systems) ■

©mr.omlet/Shutterstock.com

3.2
KANN DER TRAGFLÜGEL ABBRECHEN?

Im normalen Flugbetrieb – und selbst bei schwersten Turbulenzen – kann er das nicht! Die Verbindung zwischen Tragflächen und Rumpf ist die stabilste Verbindung des ganzen Flugzeuges! Einmal zusammengefügt wird sie das gesamte Flugzeugleben lang nicht mehr getrennt. Die Flügel sind extrem belast- und biegbar! Der Hersteller hat in diversen Tests die Belastbarkeit der Flügel unter Beweis zu stellen. Dies geschieht mittels sogenannter »Wing Load Tests«, die sowohl dynamisch als auch statisch durchgeführt werden.

Die Flügel sind so elastisch, dass jeder von Ihnen es schaffen würde, einen kompletten Jumboflügel samt Triebwerken von einigen Tonnen Gewicht mit zwei Fingern um zwei Meter aufzuschaukeln!

Die Flexibilität des Flügels ist gerade bei Turbulenzen besonders wichtig! Das bei Turbulenzen hohe Aufschwingen des Flügels an seiner Außenseite dient vor allem dazu die durch die Turbulenz entstehenden Kräfte am Flugzeug zu minimieren. Während der Flügel also um mehrere Meter ausschlagen kann, kommen am Flugzeugrumpf nur Bruchteile dieser Kräfte and Bewegungen an! ■

3.3 KÖNNEN SICH FLUGZEUG IN DER LUFT EIGENTLICH GEGENSEITIG SEHEN?

Ja! Dafür sorgt das sogenannte TCAS – Traffic Alert and Collision Avoidance System. Auf einem Display im Cockpit werden die uns umgebenden Flugzeuge in Symbolform angezeigt. Ein Pfeil und eine Zahl neben dem Symbol geben die Flugrichtung und die Höhendifferenz zu unserer Position an.

Die Europäische Agentur für Flugsicherheit (European Aviation Safety Agency – EASA) hat im Jahre 2005 die Regelung erlassen, alle Flugzeuge mit mehr als 5,7 Tonnen Abfluggewicht oder mehr als 19 Sitzen mit einem solchen System auszurüsten.

Es funktioniert auf Basis von Transpondern der jeweiligen Flugzeuge. Das TCAS errechnet aus den empfangenen Informationen die Höhe, Richtung, Entfernung, Steig- oder Sinkrate sowie die Geschwindigkeit des anderen Flugzeuges. Wie funktioniert das praktisch?

Stellen wir uns vereinfacht eine Kugel vor, deren Mittelpunkt unser Flugzeug ist. Nähert sich nun ein Flugzeug unserer Kugel auf eine bestimmte Distanz, macht uns das TCAS mit einen Verkehrshinweis (Traffic Advisery – TA) in Form einer akustischen Warnung aufmerksam und das entsprechende Flugzeugsymbol auf unserem Display leuchtet gelb auf.

Dringt dieses Flugzeug nun in unsere imaginäre Kugel ein, gibt uns das TCAS eine konkrete akustische Ausweichempfehlung (Resolution Advisery – RA) und das Flugzeug in unserem Display leuchtet nun rot auf. Sobald die Situation entschärft ist informiert uns das TCAS durch die akustische Information: »Clear of Conflict«. ■

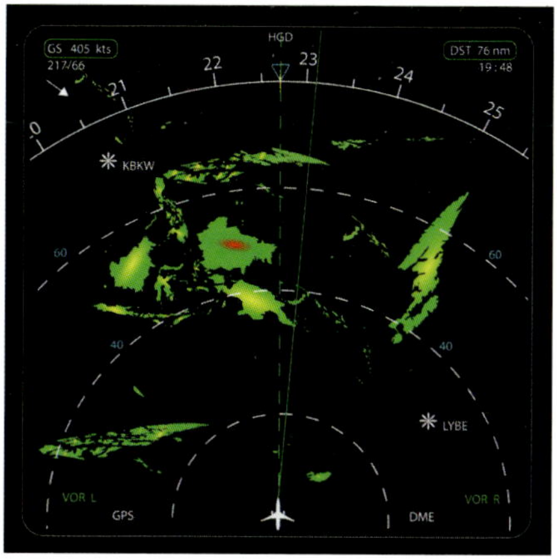

©micelinjo/123RF.com

3.4 ZEIGT DAS WETTERRADAR IM COCKPIT WIRKLICH DAS WETTER AN?

Nein, das tut es natürlich nicht. Das Wetterradar funktioniert sehr vereinfacht erklärt wie ein Echolot auf Schiffen. Nur das die vom Sender abgegebenen Signale nicht senkrecht nach unten, sondern nach vorne, mit einer Reichweite zwischen ungefähr 50-300 km, abgesondert werden. Daher sitzt das Wetterradar auch in der Regel ganz vorne im Flugzeug unter der Flugzeugnase, dem sog. Radom.

Werden die ausgegebenen Signale nun von Partikeln in der Luft reflektiert, rechnet ein Computer an Bord des Flugzeuges die Reflektionsstärke bezogen auf das Ausgangssignal aus und stellt die Intensität farblich auf einem Display dar.

Wir unterscheiden grob drei Farbzonen, welche im Grunde die Dichte der vor uns liegenden Wolkenschichten beschreibt. Grün steht für leicht verdichtete Bewölkung, gelb für dichte Wolkenschichten und rot für extrem verdichtete Wolken. Wobei die Dichte hier quasi ein Maß des Aggregatzustandes einer Wolke und damit der zu erwarteten Turbulenz darstellt. Finden wir nämlich einen rot oder sogar magentafarbenen Spot auf unserem Wetterradar bedeutet das, dass wir dort mit Eis rechnen müssen – beispielsweise in Form von Hagelkörnern. Nun kann sich jeder vorstellen, dass eine Schneeflocke physikalisch betrachtet nicht so dicht ist wie ein Hagelkorn und demnach auch nicht so schwer. Finden wir jedoch die schweren Hagelkörner in hohen Luftschichten vor, ist das ein Indiz für starke vertikale Winde und schwere Turbulenzen, die wir in jedem Fall umfliegen werden. ■

3.5 WELCHE AUFGABEN HAT DER AUTOPILOT UND WANN KOMMT ER ZUM EINSATZ?

Der Autopilot hat eine sehr wichtige Rolle im Cockpit. Er entlastet den Piloten durch die Übernahme von Aufgaben, welche den Workload (Arbeits- und Mehrfachbelastung) reduziert.

Die Funktionsweise ist extrem komplex. Er ist zunächst einmal in der Lage den dreidimensionalen Flugweg aufrecht zu halten. Klingt einfach, ist es aber nicht! Denn um mit konstanter Höhe und Geschwindigkeit geradeaus und damit horizontal zu fliegen, ist einiges aus der Flugphysik zu beachten. Beispielsweise wird das Flugzeug im Reiseflug durch den Kerosinverbrauch leichter! Hierauf muss der Autopilot reagieren, denn schließlich wollen wir im Laufe des Reisefluges nicht permanent steigen, oder?

Natürlich kann der Autopilot nicht nur »geradeaus« fliegen. Er ist selbstverständlich in der Lage einen vorgegebenen Flugweg abzufliegen. Diese Informationen bekommt der Autopilot aus dem Flight Management System (FMS) des Flugzeuges. Hier hat der Pilot die zugewiesene Flugroute aus seiner Flugvorbereitung eingegeben. Mit der Hilfe anderer Systeme kann der Autopilot somit auch Steuerflächen ansprechen lassen oder den Triebwerkschub regeln (Autothrottle).

Das Bedienungsfeld des Autopiloten lässt auch einzelne Ein- und damit Vorgaben für den Autopiloten zu. Ich kann beispielsweise nur eine Geschwindigkeit (Speed) eine Höhe (Altitude) oder eine Flugrichtung (Heading in 360° Grad Kompassschritten) vorgeben, dessen Werte der Autopilot einhält. Des Weiteren kann der Autopilot das Flugzeug landen (Autoland). Dies ist jedoch nur unter diversen Bedingungen möglich, weshalb längst nicht jedes Flugzeug oder Flughafen diese Möglichkeit bietet.

Flugzeug und Flughafen müssen mit entsprechenden Systemen ausgestattet sein. Auch müssen die Wetterbedingungen stimmen. Bei starken Windböen oder extremen Schneefall ist immer noch der Pilot gefragt. ■

©Aleksandr Papichev/123RF.com

3.6 WAS IST SCHUBUMKEHR?

Die Schubumkehr ist sinnbildlich gesagt, der Rückwärtsgang des Flugzeuges. Sie ist Bestandteil des Triebwerkes und wird als Reverser (Schubumkehrer) bezeichnet.

Allerdings wird der Reverser in der Praxis natürlich nicht dazu genutzt, um auf dem Flughafengelände rückwärts zu fahren. Vielmehr benötigt man die Schubumkehr dazu, dass Flugzeug nach der Landung abzubremsen und somit die zu Verfügung stehende Landerollstrecke (nahezu gleich der Landebahnlänge) zu verkürzen und zusätzlich die Bremsen an den Rädern nicht übermäßig zu belasten. Wir verteilen die Bremswirkung somit auf verschiedene Systeme.

Die Funktionsweise ist einfach erklärt. Im hinteren Drittel der Triebwerke öffnen sich Klappen welche den nach hinten abfließendem Luftstrom der Triebwerke zur Seite, respektive nach vorne umleitet.

Somit kann ich durch die Betätigung der Triebwerksschubhebel bei ausgefahrenem Reverser zwar Schub erzeugen, jedoch erzeuge ich anstatt eines Vortriebs zum Beschleunigen des Flugzeuges einen Umkehrschub, der einem »Rückwärtsgang« gleichkommt. Bei Landegeschwindigkeiten zwischen 210 und 280 km ist ein Reverser daher dankbares Hilfsmittel.

Wie so gut wie alle technischen Systeme an Bord eines Flugzeuges ist auch der Schubumkehr Teil redundanter Systeme - hier ein System zum Abbremsen des Flugzeuges. Warum redundant? Neben den eigentlichen Bremsen haben wir die Luftbremsen auf der Oberseite der Flügel (sog. Speedbrakes) sowie die Reverser, welche somit quasi als »Gürtel zum Hosenträger« dienen, da die Bremsen allein natürlich schon ausreichen würden, um das Flugzeug nach der Landung zu bremsen.

Bei Verkehrsflugzeugen mit einem Propeller verhält es sich etwas anders. Hier bedient man sich der sog. Propellerblattverstellung. Mittels eines Hebels im Cockpit wird der Einstellwinkel des Propellers so verändert, dass er nun keinen Schub respektive Vortrieb, sondern Umkehrschub erzeugt.

Den Umkehrschub zu benutzen ist relativ laut. Schließlich wird ja im Grunde wieder ordentlich »Gas gegeben«, nur dass der erzeugte Luftstrom nun eine andere Richtung einnimmt. Aus diesem Grund ist es an vielen Flughäfen zu spezifischen Zeiten (z.B. nachts) nicht erlaubt den Umkehrschub aus Lärmschutzgründen aktiv, d.h. mit Schub zu benutzen. ■

©Inspirestock International - Exclusive Contributor/123RF.com

3.7 WIE NAVIGIEREN FLUGZEUGE?

Moderne Verkehrsflugzeuge können auf verschiedene Arten navigieren. Die klassische Methode ist mittels Peilung über sog. Drehfunkfeuer auch VOR`s genannt (VHF (Very High Frequency) Omnidirectional Radio Range). Sie dienen als Wegpunkte von Luftstraßen, werden international einheitlich mit drei Buchstaben gekennzeichnet und haben eine bestimmte Frequenz auf der sie senden. Sollte ich mir einmal nicht sicher sein ob ich das korrekte VOR empfange, werden Morsecodes als akustische Signale zur Kennung und Identifizierung ausgestrahlt.

Das Funkfeuer oder VOR funktioniert wie der kreisende Lichtkegel eines Leuchtturms. Das VOR sendet fortlaufend und um die eigene Achse rotierend, Funksignale, sog. Radiale aus. Dieses Radial wird von einem VOR-Empfänger im Flugzeug aufgenommen und zeigt dem Piloten seine Gradzahl vom VOR an. Sendet ein solches Funkfeuer gleichzeitig in alle 360°, sprechen wir von einem ungerichtetem Funkfeuer oder Non Directional Beacon (NDB). Um zu Wissen wo ich mich befinde, nehme ich mir einfach die Flugkarte, peile zwei VOR`s in meiner Nähe nacheinander an und male mit einem Lineal eine Linie entsprechend der empfangenen Radiale auf der Karte ein. Die Position, wo beide Radiale sich schneiden, ist somit mein aktueller Standort. Moderne Funkfeuer beinhalten oftmals ein Entfernungsmessgerät, ein sog. DME (Distance Measuring Equipment). Das DME übermittelt zusätzlich zum Radial noch die Entfernung zum jeweiligen VOR, was eine Navigation erheblich vereinfacht. Kriege ich nun die Anweisung eine bestimmte Luftstraße entlang zu fliegen, wähle ich das entsprechende VOR, fliege exakt darüber hinweg und biege dann auf das entsprechende Radial ein, welches mir den Weg zum nächsten VOR weist. Dies wiederhole ich bis ich meinen Zielpunkt erreicht habe. Diese Methode ist extrem zuverlässig hat jedoch den Nachteil, dass sich fortlaufend VOR`s entlang meines Flugweges befinden müssen, da diese nur eine begrenzte Reichweite haben. Um den Luftraum zu entzerren und die vorhandenen Luftstraßen nicht übermäßig zu beanspruchen, gibt es auch eine ortsunabhängige oder sog. Flächennavigation (RNAV, Area oder Random Navigation).

Über sog. Trägheits- oder Satelitennavigationssysteme ist es möglich auch ohne bodenabhängige Referenzpunkte zu navigieren. Flugrouten werden hier anhand von Wegpunkten im Koordinatensystem der Erde (Waypoints) markiert und abgeflogen. ■

3.8
WIE FUNKTIONIERT DIE DRUCKKABINE EINES FLUGZEUGES?

Damit Sie sich als Passagier an Bord wohl fühlen, ist neben der Temperatur, dem Bordservice oder dem Inflight Entertainmentangebot noch etwas anderes elementar wichtig: Der Kabinendruck! Um normal atmen und in angenehmer Temperatur die Annehmlichkeiten an Bord genießen zu können, muss das Flugzeug mit einer Druckkabine ausgestattet sein. Das ist auch leicht zu erklären, denn Sie wissen noch aus dem Physikunterricht Ihrer Schulzeit, dass die Luftdichte nach oben hin stetig abnimmt – ebenso die Temperatur. Es gibt zwar Extremsportler, die den Mt. Everest auch ohne Sauerstoff bestiegen haben, aber diese Ausnahmen lassen eben nicht auf die Allgemeinheit schließen.

In 10.000 Meter Höhe herrscht eine extrem niedrige Luftdichte. Das ist auch der Grund, warum Sie beim Wandern in den Bergen, je höher Sie kommen, immer kurzatmiger werden. Sie müssen einfach viel öfter ein- und ausatmen, um dieselbe Menge Luft in Ihre Lungen zu bekommen, wie auf Meereshöhe. Es herrschen weiterhin Temperaturen von rund minus 50°C. Dies alles zu kompensieren ist die Aufgabe der Druckkabine bzw. der Klimaanlage eines Flugzeuges.

Sie alle kennen beim Fliegen diesen Druck auf den Ohren, welcher mehr oder minder oft ausgeglichen werden muss und der mitunter sehr schmerzhaft werden kann, wenn man beispielsweise mit einer Erkältung fliegt. Aber warum ist das so?

Nun, solange wir uns am Boden befinden, die Türen offen oder geschlossen sind, herrscht im Flugzeug der gleiche Luftdruck wie außerhalb des Flugzeuges in seiner Umgebung. Während unser Flugzeug nun auf die ihm vorbestimmte Reiseflughöhe steigt, nimmt der Umgebungsdruck außerhalb des Flugzeuges stetig ab. Dies führt logischer Weise zu einer stetig ansteigenden Druckdifferenz zwischen der Außenumgebung und dem Flugzeuginneren. Diese Druckdifferenz nennt man Kabinendifferenzdruck, welcher durch die sog. Outflow Valves eines Flugzeuges geregelt wird.

Dieser stetig steigenden Druckdifferenz können wir aber nicht tatenlos zusehen. Die Folge wäre nämlich, dass unsere Flugzeugkabine wie ein Luftballon irgendwann platzen würde. Wir haben also keine Wahl und müssen den Kabinendruck, je höher wir uns befinden, nachregeln in dem wir Druck aus der Kabine über sogenannte Outflow Valves ablassen und derart anpassen, dass wir einerseits noch sehr gut atmen können und andererseits unsere Rumpfkonstruktion vor Schaden bewahren.

Dieses Prinzip gilt übrigens auch im umgekehrten Verhältnis, beispielsweise bei U-Booten. Diese können auch nicht beliebig tief tauchen, da sie sonst vom höheren Wasserdruck, der außerhalb des U-Bootes herrscht, zerdrückt würden.

Bei modernen Verkehrsflugzeugen unserer Zeit, beträgt der maximale Kabinendifferenzdruck im Reiseflug etwa 8,5Psi, oder 0,6bar. Mit anderen Worten, das Flugzeug könnte somit auf eine Flughöhe von ca. 6500m steigen, ohne dass wir den Druck in der Kabine nachregeln müssten. Wir sprechen in diesem Zusammenhang übrigens auch von der sogenannten Kabinenhöhe.

Um ein Platzen der Kabine zu vermeiden, würde bei bestimmten, maximal zulässigen Differenzdrücken, automatisch Luft aus der Kabine entweichen oder einströmen, was das Flugzeug auch ohne Zutun der Piloten vor Beschädigungen bewahrt (Fail-Safe-Methode).

Dasselbe macht übrigens Ihr Ohr! Während Sie munter im Flieger atmen und in Mund und Nase der Kabinendruck herrscht, entsteht durch Steig- oder Sinkflug eine Druckdifferenz zum Mittelohr, der durch die Eustachische Röhre ausgeglichen wird. Dies geschieht meist ruckartig selbstständig oder durch eigene Nachhilfe wie Schlucken oder die »Valsalva-Methode« (bei geschlossenem Mund durch die zugehaltene Nase versuchen auszuatmen). In jedem Fall wird die Eustachische Röhre damit geöffnet, so dass es zum Druckausgleich kommt, was als Knacken oder Pfeifen im Ohr zu spüren ist.

Die Druckdifferenz ist übrigens beim Steigflug leichter für uns Menschen kompensierbar, als im Sinkflug. Was auch der Grund ist, warum wir schneller auf unsere Reiseflughöhe steigen, als wir gen Boden sinken. Das Flugzeug könnte beides gleich schnell, aber der Druckausgleich in Ihren Ohren würde Ihnen ganz schön zu schaffen machen. ■

©Luciano De La Rosa/123RF.com

3.9
GO AROUND! ODER WARUM FLUGZEUGE DURCHSTARTEN

Haben Sie das schon einmal erlebt? Dieses Gefühl, wenn man kurz vor der Landung im Flugzeug aus dem Fenster schaut, draußen bereits deutlich erkennbar Menschen, Autos oder Gärten an einem vorbeiziehen und auf einmal die Triebwerke aufheulen? Man horcht auf, wird in den Sitz gedrückt und obgleich man auf Landung eingestellt war, steigt man plötzlich wieder in die Höhe.

Dabei ist Durchstarten ein normales Flugmanöver und völlig ungefährlich. Tatsächlich gehört weltweit und zu jeder Landebahn eines Flughafens auch ein »Go Around Procedure«, welches den Piloten natürlich bekannt ist und vor jeder Landung im Cockpit mittels eines Briefings besprochen wurde.

Doch warum müssen Flugzeuge durchstarten und was passiert da eigentlich? Um das Flugzeug sicher zu landen müssen ausnahmslos alle Parameter die eine Landung beeinflussen korrekt sein.

Dazu gehören beispielsweise:

- …dass die Landebahn nicht blockiert sein darf
- …dass das Flugzeug präzise zur Landung ausgerichtet sein muss
- …dass Werte für Geschwindigkeit oder Sinkrate stimmen müssen
- …dass die Piloten Sichtkontakt zu spezifischen Referenzpunkten der Landebahn haben müssen
- …dass Mindestabstände zu anderen Flugzeugen korrekt sind
- …dass die Wetterverhältnisse, ins besondere Windgeschwindigkeiten keine zulässigen Limits überschreiten

Sicherheit hat IMMER oberste Priorität, daher wird eine Landung niemals erzwungen – egal wie kurz wir vor einer Landung auch stehen mögen! Wenn einer der Piloten einen Parameter außerhalb der Norm findet, wird durchgestartet. Das gilt auch für die Fluglotsen im Tower. Sobald diese Parameter ausserhalb der Norm erkennen, erteilen sie ebenfalls die Anweisung zum Durchstarten.

Wie schon in Frage 5.1 (siehe Seite 88) – Was passiert, wenn beim Start ein Triebwerk ausfällt erklärt, ist ein Flugzeug zum Fliegen gebaut und daher ist es auch in diesem Fall sicherer noch einmal ein »Ehrenrunde« zu drehen, um den Anflug erneut durchzuführen.

Bei einem Go-Around müssen Sie mit einem Zeitverlust von ca. 15-20 Minuten rechnen, der jedoch – und wie Sie bereits wissen – in jeder Flugplanung berücksichtigt wurde.

Kommt es zum Durchstarten, gibt der Pilot die maximal erlaubte Schubkraft und geht in einen Steigflug über. Bei positiver Steigrate wird das Fahrwerk eingefahren und im Zuge der wieder steigenden Geschwindigkeit wird die Landeklappenstellung reduziert. Das Ganze geschieht natürlich streng nach Checkliste.

Die häufigsten Ursachen für den Go-Around sind Änderungen der Windverhältnisse oder eine Blockierung der Runway durch ein anderes Flugzeug (Unterschreitung der Mindestabstände), ein Fahrzeug oder Vögel. ■

3.10 WANN MÜSSEN FLUGZEUGE VOR DER LANDUNG KEROSIN ABLASSEN?

Wir unterscheiden bei Flugzeugen Kurz- und Mittelstreckenmaschinen sowie Langstreckenflugzeuge. Nur Langstreckenflugzeuge haben ein System für den sogenannten Treibstoffschnellablass, auch Fuel Dumping genannt. Aber warum?

Wie der Name es schon sagt, sind Langstreckenflugzeuge dafür gebaut auch möglichst lange zu fliegen. Um das zu schaffen ist eine erhebliche Menge an Kerosin von Nöten, welches einen erheblich prozentualen Anteil des Gesamtgewichts des Flugzeuges ausmacht.

Bedingt durch die langen Flugzeiten und des damit verbrauchten Treibstoffs ist somit das maximal zulässige Landegewicht eines Langstreckenflugzeuges auch deutlich niedriger als das maximal zulässige Startgewicht. Der Unterschied liegt in der Art der auftretenden Kräfte. Beim Beladen und Rollen sind die auftretenden Kräfte vereinfacht gesagt statisch, beim Fliegen und somit hoher Geschwindigkeit sind sie dynamisch.

Es ist wie bei uns Menschen. Wenn ich Ihnen im zweiten Stockwerk Ihres Hauses zwei Kästen Selters zum Halten gebe ist das ok. Haben Sie jedoch das Verdeck Ihres Cabrios unten offen gelassen und just nach den ersten Treppenstufen fängt es an zu schütten… Was tun Sie? Richtig, sie setzen den Selterkasten ab und eilen nach unten. Natürlich könnten Sie auch mit dem Selterkasten die Treppe nach unten springen, aber was würden Ihre Knie wohl dazu sagen?

Das Gleiche gilt fürs Flugzeug!

Doch welche Gründe führen zum Fuel Dumping?

In erster Linie sind es medizinische Notfälle oder Störungen technischer Systeme (zum Beispiel ein Triebwerksausfall), welche eine ungeplante Landung nach sich ziehen. Aber verstehen Sie mich nicht falsch! Nicht jede ungeplante Landung gefährdet das Leben aller Personen an Bord! Fuel Dumping ist somit eine Sicherheits- respektive Notfallmaßnahme, welche das Gefährdungspotential, sowohl für Sie als Passagier an Bord, als auch für Personen unten am Boden, bei einer ungeplanten Landung minimiert.

Im Schnitt passiert ein Fuel Dumping in Deutschland ca. 20-25 Mal im Jahr, was in Bezug zu jährlich ca. einer Million Starts- und Landungen eine verschwindend geringe Zahl ist.

Jetzt fragen Sie zurecht, warum man nicht gleich das Flugzeug so baut, dass es Start- und Landegewicht gleich sind?

Naja, bei den Kurz- und Mittelstreckenflugzeugen ist das ja auch der Fall. Bei Langstreckenflugzeugen wäre dies natürlich auch möglich, hätte aber ein größeres Gewicht des Flugzeugs zur Folge und das bewirkt einen deutlich höheren Kerosinverbrauch, welcher wiederum eine Verkürzung der Reichweite bedingen würde. Hier wurde also ein konstruktiver Kompromiss geschlossen.

Es gibt übrigens mehrere Dumping-Gebiete über Deutschland wo bevorzugt ein Ablassen des Treibstoffs erfolgen soll (beispielsweise über dem Odenwald oder der Nordsee). Das Flugzeug muss zum Fuel Dumping eine Mindesthöhe von 1800 Metern (ca. 6000 Fuß) aufweisen und der betroffene Luftraum darf min. 15 Minuten nach dem Treibstoffablass von keinem Flugzeug durchflogen werden.

Jüngste Untersuchungen haben gezeigt, dass die Kontamination des Bodens äußerst gering ist, da der größte Teil des abgelassenen Treibstoffs schlicht verdunstet.

Um die entsprechende Menge Kerosin ablassen zu können, befinden sich an den betroffenen Flugzeugen (beispielsweise Airbus A340, A350, A380 oder Boeing B747 (Jumbo Jet), B777 (Triple Seven) oder B787 (Dreamliner)) am äußeren Ende der Tragflächen nach hinten gerichtete Auslässe. Durch das Fuel Jettison System wird im Cockpit der Treibstoffablass initiiert.

Die zu erzielenden Gewichtsreduktion pro Zeiteinheit unterscheidet sich etwas bei den Flugzeugtypen. Als Beispiel sei hier der JumboJet (Boeing B747) genannt welcher ca. ein bis zwei Tonnen Kerosin pro Minute ablassen kann. ■

©Kirill Ryzhov/123RF.com

3.11 WARUM GEHT MANCHMAL VOR DEM START DIE KLIMA-ANLAGE AUS?

In der Tat wird die Klimaanlage (in der Fachsprache »Pack« genannt) manchmal schon auf dem Weg zur Startbahn ausgeschaltet und erst nach dem Abheben wieder in Betrieb genommen.

Der Grund liegt in der zu Verfügung stehenden Triebwerksleistung. Um einen maximalen Schub zu erzeugen brauche ich eine große Menge an Luft, welche im Triebwerk verdichtet, gezündet und im Anschluss expandiert wird (siehe Frage 3.1, Seite 50). Die Klimaanlage wird jedoch mit abgenommener Luft aus den Triebwerken gespeist. Zapfe ich nun eine gewisse Luftmenge vom Triebwerk ab, dann verringert sich folglich auch die maximale Triebwerksleistung.

Dieses Abschalten der Klimaanlage kommt in verschiedensten Situation zum Tragen. Starte ich mit meinem Flugzeug beispielsweise in höher gelegenen Gebieten, ist die Luft ohnehin schön dünner und unserem Triebwerk steht von vorneherein schon weniger Luft zu Verfügung. Durch Ausschalten der Packs kann ich das ein wenig kompensieren um dem Triebwerk nicht noch zusätzlich Luft zu klauen wovon es an hoch gelegenen Flugplätzen ohnehin schon weniger gibt.

Eine kürzere Startbahn könnte ebenfalls ein Grund für das Ausschalten der Packs sein. Hier erkaufe ich mir durch das Abschalten der Klimaanlage einfach ein paar mehr Kraftreserven, um einen kürzen Startweg (Take-Off Roll) meines Flugzeuges durch Triebwerksleistung zu unterstützen.

©litabit/Shutterstock.com

3.12 WIE LANGE HÄLT DER SAUERSTOFFVORRAT FÜR SAUERSTOFFMASKEN DER PASSAGIERE UND PILOTEN?

Der an Bord erforderliche und mitzuführende Sauerstoffvorrat hängt ab von der Flugdauer in einer bestimmten Flughöhe sowie der Anzahl der Personen an Bord. Der Gesetzgeber schreibt hier glasklar vor, dass moderne Verkehrsflugzeuge nur dann fliegen dürfen, wenn genug Sauerstoff an Bord ist, um die Versorgung aller Besatzungsmitglieder und Passagiere für die gesamte Flugzeit mit einer Kabinendruckhöhe von 4000 Metern (entspricht 13.000 Fuss) zu gewährleisten. Wie wir aus Frage 1.11 (siehe Seite 20) bereits wissen, ist der Pilot verantwortlich, dass der für den Flug benötigte Sauerstoff zu Verfügung steht, was er beim Walk Around Check überprüft. Für die Passagiere fallen bei einem Zwischenfall die Sauerstoff Masken automatisch aus der Kabinendecke. Auch Toiletten sind mit diesen Masken ausgestattet. Für die Flugbegleiter gibt es portable Sauerstoffgeräte, um sich in der Kabine noch bewegen zu können. Der Sauerstoffvorrat hält 15 Minuten, da davon ausgegangen wird, das im Falle eines Druckverlustes von den Piloten ein Notsinkmanöver eingeleitet wird (Emergency Descent), um das Flugzeug auf eine Höhe zu bringen, wo freies Atmen wieder möglich ist, wofür 15 Minuten mehr als ausreichend sind.

Piloten bekommen ihren Sauerstoff aus einem Extra-Reservoir, durch schnell aufsetzbare Sauerstoffmasken, sogenannter quick-donning masks. Es muss nachgewiesen werden, dass der Pilot im Stande ist diese Masken binnen 5 Sekunden aufzusetzen und zu nutzen. ■

©Aleksandr Papichev/123RF.com

3.13 WIE OFT WIRD EIN FLUGZEUG EIGENTLICH KONTROLLIERT?

Ähnlich dem TÜV Ihres Autos hat sich ein Flugzeug diversen technischen Kontrollen zu unterziehen, damit es seine Lufttüchtigkeit vor dem Gesetzgeber aufrechterhalten kann. Natürlich sind diese Kontrollen um einiges häufiger und umfangreicher als die bei Ihrem Auto. Während Ihr Auto also nur alle zwei Jahre zum TÜV und zur Abgassonderuntersuchung muss, sieht das bei einem Flugzeug gänzlich anders aus.

Ein modernes Verkehrsflugzeug unterliegt multiplen Checks und Wartungsintervallen. Ausgelöst werden diese Kontrollen durch eine maximale Anzahl an Kalendertagen, Flugstunden oder Flugzyklen die das Flugzeug nicht überschreiten darf. Ein Flugzyklus entspricht übrigens einem Flug mit Start und Landung unabhängig der Fluglänge.

Die Spanne der Intervalle von Kontrollen und Serviceleistungen reicht von »vor jedem Flug«, bis zum sogenannten »D-Check«, der nur rund alle zehn Jahre stattfindet.

Verbindliche Auskunft über die Wartungsereignisse geben spezifische Dokumente des Herstellers. Hier werden für den entsprechenden Flugzeugtyp alle zu beachtenden Wartungsereignisse samt deren Intervalle und Inhalte beschrieben. Sollte eines dieser Wartungsereignisse einmal nicht durchgeführt worden sein, darf das Flugzeug den Boden auf dem es steht nicht mehr verlassen, bis der Nachweis über dieses

Wartungsereignis bei der zuständigen Luftfahrtbehörde erbracht worden ist!

Ich möchte Ihnen im Folgenden einmal die grundlegenden Checks am Beispiel einer Boeing 737-300 näherbringen:

1. Transit Check (Preflight Inspection / Outside Check)

Dies ist der »kleinste« Check und wird vor jedem Flug durch die Piloten durchgeführt. Weiterführende Informationen zum Preflight Check finden Sie auf Frage 1.11 (siehe Seite 20)

2. Der Z-Check

Wird täglich durchgeführt und kann max. auf 48 Stunden ausgedehnt werden

3. Der R-Check

Ausführung alle 3 Tage, 50 Flugstunden oder 50 Flüge

4. Der S-Check

Ausführung einmal wöchentlich

5. Der A-Check

Ausführung alle 250 Flugstunden, 250 Flüge oder 3 Monate

6. Der C-Check

Ausführung alle 4.000 Flugstunden, 4.000 Flüge oder 18 Monate

7. Der D-Check

Ausführung alle 24.000 Flugstunden, 24.000 Flüge oder 10 Jahre

Habe ich mehr als ein auslösendes Kriterium löst immer das Kriterium den Check aus, welches als erstes zutrifft.

Grundsätzlich gilt, dass ein höherwertiger Check, einen niedrigeren miteinschließt und dessen Laufzeitzähler wieder auf null setzt.

Während alle Checks bis einschließlich S-Check im Transit, also zwischen Landung und Start durchgeführt werden können, braucht man für die Durchführung von S- und A-Checks bereits eine ganze Nacht (Night Stop, da der Flieger ja meistens tagsüber fliegt). Diese recht kurzen nicht so arbeitsintensiven Checks bezeichnet man zusammenfassend auch als Line Maintenance.

Im Gegensatz dazu gehören die C- und D-Checks zur sogenannten Base- oder Heavy Maintenance.

C-Checks dauern ca. ein bis zwei Wochen und umfassen mehrere hundert Arbeitsstunden. Die umfangreichsten Checks, die D-Checks oder auch Grundüberholungen, umfassen zig-tausend Arbeitsstunden und dauern bis zu sechs Wochen.

Hier wird bis auf die Tragflächen in der Regel alles am und im Flugzeug ab- bzw. ausgebaut und einer genauen Inspektion unterzogen. Anschließend werden die Komponenten und Systeme wieder eingebaut oder ggf. ausgetauscht. Umfangreiche Tests am Boden, sowie ein sogenannter Werkstattflug schließen beispielsweise einen D-Check ab. Während dieses Werkstattfluges wird das Flugzeug an seine Leistungsgrenzen gebracht und alle Systeme auf Herz und Nieren überprüft. Bei kleinsten Fehlern oder Abweichungen muss am Boden nachgebessert werden und die erfolgreiche Korrektur ggf. durch einen erneuten Werkstattflug bestätigt werden. Nur speziell ausgebildetes Cockpit- und Bordpersonal darf während dieses Fluges aus Sicherheitsgründen an Bord sein.

Hier wird alles geprüft, was Piloten Spaß macht. Triebwerke werden komplett abgeschaltet um sie im Reiseflug wieder zu starten. Die Luft wird aus der Kabine gelassen um zu testen ob die Sauerstoffmasken auch wirklich von selbst aus der Kabinendecke fallen. Es werden diverse Flugmanöver geflogen, um neue und in Zukunft gültige Grenzwerte des Flugzeuges zu bestimmen. Dazu gehört beispielsweise der Test von Mindest- und Maximalgeschwindigkeiten sowie Notsinkmanöver. Bei Langstreckenflugzeugen wird das Fuel Dumping (Siehe Frage 3.10 auf Seite 61) ausprobiert und natürlich werden auch der Passagierkomfort sowie das Inflight Entertainment (IFE) gecheckt. ■

©David Molina/123RF.com

3.14 WAS IST EIGENTLICH DIE BLACKBOX?

Als Blackbox bezeichnet der Volksmund den sogenannten Flugschreiber, der entgegen seinem gängigen Namen nicht schwarz sondern meist signalrot ist, um im Fall der Fälle besser gefunden zu werden. Dieser zeichnet während eines Fluges alle flugrelevanten Daten, eingaben im Cockpit und Flugmanöver, als auch akustische Informationen aus dem Cockpit auf. Wir unterscheiden daher auch zwei Arten von Flugschreiben, den Flugdatenschreiben (Flight Data Recorder, FDR) und den Stimmenrekorder (Cockpit Voice Recorder, CVR). Beide sind mit einem Peilsender ausgestattet, der bei Berührung mit Wasser entsprechende Ortungssignale aussendet. Charakteristisch für die Flugschreiber sind ihre robuste Bauweise und Ihr Aussehen. Sie müssen Kraftspitzen von bis über 3000 g standhalten, einer Temperatur von über 1000 °C mindestens eine Stunde widerstehen und dürfen auch in Wassertiefen von bis zu 6000 m nicht Ihren Geist aufgeben. Flugschreiber sind meist im hinteren Teil des Flugzeuges verbaut. ■

4
WETTER

©Jaromir Chalabala/123RF.com

©Jaromir Chalabala/123RF.com

4.1 WELCHEN EINFLUSS HAT SCHNEE AUF DIE SICHERHEIT BEIM FLIEGEN?

Schneefall beeinflusst die Fliegerei in vielerlei Hinsicht, aber macht es das Fliegen dadurch gefährlich? Natürlich nicht!

Solange das Flugzeug mit Schnee bedeckt am Boden steht, wird eine sogenannte »Enteisung« (De-Icing) vorgenommen (Frage 4.2, siehe Seite 72). Vor allem die Flügeloberseiten werden vom Schnee und Eis befreit, aber auch sämtlich anderen »Vorderkanten« und Auflageflächen. Doch Warum? Nun, das aerodynamische Profil eines Flügels wurde exakt berechnet und liefert konstante Flugeigenschaften. Würde man Schnee und Eis auf dem Flügel belassen, ändert sich die Flügeloberfläche und damit die aerodynamischen Eigenschaften des Flugzeuges! Die darüber strömende Luft würde sich nun anders verhalten und würden nicht wissen wie! Das wollen wir auf jeden Fall vermeiden, da wir als Piloten immer erwarten, dass sich das Flugzeug so verhält wie wir es kennen.

Wie kommen aber jetzt Verspätungen oder gar Flugausfälle zustande?

Das ist schnell erklärt! Wenn Sie eben noch gemütlich auf der Autobahn mit 130 km/h vor sich hergefahren sind und plötzlich ein dichtes Schneetreiben einsetzt, was würden Sie tun? Richtig, als erstes den Abstand zum Vordermann vergrößern. Schließlich sieht man nicht mehr so gut und verschafft sich somit mehr Reaktionszeit.

Dies tun wir in der Fliegerei auch! Wir vergrößern einfach die Abstände startender und landender Flugzeuge! Leider sind die Flugpläne lange geplant...

Jetzt sah es die Flugplanung beispielsweise vor, dass ausgerechnet heute 30 Flugzeuge in der Stunde auf Ihrem Flughafen landen sollten. Vergrößert der Tower nun aufgrund von Schneefall die Abstände der Flugzeuge, schaffen es nur noch 20 Flugzeug in der Stunde zu landen. Die Folge: Es bildet sich ein Stau in der Luft! Die bereits losgeflogenen Flugzeuge müssen nun Warteschleifen drehen bis sie an der Reihe sind zu landen. Währenddessen vergibt Eurocontrol Slots um den Stau nicht weiter zu vergrößern und Airlines streichen hochfrequente Strecken, weil es keinen Sinn macht ein neues Flugzeug starten zu lassen, wenn das vorherige noch nicht mal gelandet ist. Sicherheit zuerst! Und wo wäre es für Passagiere sicherer und komfortabler als am Flughafen?

Übrigens: Bei einer Verspätung von mehr als drei Stunden wegen einer Enteisung können Flugreisende auf eine Entschädigung von der Airline hoffen. Gerichte entscheiden immer wieder, dass es sich nicht um einen außergewöhnlichen Umstand handelt, der die Fluggesellschaft von der Zahlungspflicht befreit. Die Airline muss sich auf die Witterung vorbereiten, Enteisung liegt demnach in ihrem Verantwortungsbereich. ■

©carso80/123RF.com

4.2 WAS PASSIERT EIGENTLICH BEIM ENTEISEN (DE-ICING)?

Im Winter ist es Ihnen bestimmt ein bekanntes Szenario: Der Flieger sollte eigentlich längst starten, doch man steht am Gate oder einer Außenposition und beobachtet stattdessen, wie eine grünlich schimmernde, gelartige Flüssigkeit die Maschine förmlich einhüllt. Sie muss erst enteist werden. Doch wann ist das eigentlich nötig und was passiert da?

Das höchste Risiko für eine Vereisung des Flugzeuges ist dann gegeben, wenn die Temperaturen knapp unter dem Gefrierpunkt liegen und die Luft sehr feucht ist, was nicht nur im strengen Winter der Fall ist. Im Gegenteil, ist es besonders kalt, ist die Gefahr des Vereisens sogar geringer. Sind die Temperaturen nämlich besonders niedrig, gefrieren kleinste Feuchtigkeitströpfchen bei der Berührung mit der Flugzeugoberfläche sofort zu sogenanntem Raueis. Bei dieser Form von Eis bleibt die Aerodynamik weitestgehend erhalten. Gefährlicher sind Temperaturen nur knapp unter dem Gefrierpunkt. Hier treffen jetzt nämlich verhältnismäßig große und unterkühlte Wassertropfen auf die Flugzeugoberfläche. Sie frieren nicht sofort an, sondern zerlaufen oder zerplatzen erst, bevor sie in wilder Form und Struktur irgendwo anfrieren. Dieses sogenannte Klareis ist schwer zu sehen und behindert die aerodynamischen Eigenschaften.

Durch De-icing werden die aerodynamischen Eigenschaften des Flugzeugs wieder hergestellt. Das Flugzeug wird vor möglichen Beschädigungen durch Eis oder Schnee bewahrt und gleichzeitig wird der Neuansatz von Eis und Schnee für eine gewisse Zeit verhindert. Zusätzlich zur Erhaltung der Aerodynamik verhindert eine Enteisung am Boden, dass sich Eisstücke vom Flugzeug lösen und im Zuge hoher Geschwindigkeiten bei Start oder im Reiseflug die Flugzeugkonstruktion beschädigen.

Als Flugreisender muss man sich jedoch zu keinem Zeitpunkt Sorgen machen. Bevor ein Flugzeug die Zulassung erhält, wird es auch im Flugbetrieb unter Vereisungsbedingungen getestet.

Wenn das Flugzeug nun vom Eis befreit werden muss, passiert das jedoch nicht nur am Boden, sondern auch in der Luft durch eine Enteisungsanlage des Flugzeuges, wofür Triebwerkszapfluft verwendet wird. Bei modernen Verkehrsflugzeugen wird diese heiße Luft vom Triebwerk abgezapft und über Leitungen beispielsweise in die Flügel- und Triebwerksvorderkanten geblasen. Dort verdampft dann etwaiger Eisansatz. ■

©Tom Tietz/123RF.com

4.3 WAS MUSS MAN ÜBER WOLKEN WISSEN?

Ist es nicht jedes Mal aufs Neue ein tolles Gefühl, wenn man an einem trüben, nassregnerischen Tag mit dem Flugzeug startet, nur Augenblicke später die Wolkendecke durchbricht und der Anblick dieser wunderschönen und immer verschieden aussehenden Wolkenberge einem den Atem raubt? Die Sonne strahlt einem ins Gesicht und zumindest mir huscht bei diesem Anblick jedes Mal ein wohliges Lächeln übers Gesicht. Aber das mag nicht jedem so gehen, der es gibt nicht wenige Menschen die unter Flugangst leiden oder die sich zumindest an Bord eines Flugzeuges nicht besonders wohl fühlen. Diejenigen erkennen sich jetzt bestimmt wieder. Denn spätestens am Tag der Flugreise schauen sie frühmorgens aus dem Fenster und sobald die Wolken und somit das Wetter schlecht aussieht, wird das ohnehin schon mulmige Gefühl in Ihrem Bauch noch mulmiger…

Mit dieser Frage möchte ich Ihnen eine kleine Einführung in die Wolkengattungen und ihren Einfluss auf die Fliegerei geben. Wissen Sie noch, wie Wolken entstehen?

Wolken entstehen durch die Kondensation von Wasserdampf. Wasser verdunstet auf der Erdoberfläche durch Ozeane, Seen oder Flüsse und steigt als nicht sichtbarer Wasserdampf gen Himmel. Durch feinste Partikel in der Luft, die Kondensationskerne genannt werden, bindet sich der Wasserdampf und kondensiert bei entsprechender Abkühlung in einer bestimmten Höhe zu »sichtbaren Wassertropfen«, den Wolken.

Wolken werden in vier Gruppen unterteilt, gestaffelt nach Höhe ihrer Unterseite:

Niedrige Wolken: Höhe 0-2000m werden Strato-Wolken genannt

Mittelhohe Wolken: Höhe 2000-7000m werden Alto-Wolken genannt

Hohe Wolken: Höhe über 7000m werden Cirro-Wolken genannt

Vertikale Wolken: die sich über mehrere Ebenen erstrecken heißen Nimbo-Wolken

Weiterhin existieren 10 verschiedene Wolkengattungen. Geordnet nach Höhe gibt es:

Strato-Bereich: Cumulus (Haufenwolke), Stratus (tiefe Schichtwolken), Stratocumulus (Haufenschichtwolke)

Alto-Bereich: Altostratus (mittelhohe Schichtwolke) Altocumulus (große Schäfchenwolke)

Cirro-Bereich: Cirrostratus (hoher Schleierwolke), Cirrocumulus (kleine Schäfchenwolke), Cirrus (Federwolke)

Nimbo-Bereich: Nimbostratus (Regenwolken), Cumulunimbus (Gewitterwolke (Pilz- oder Ambossform)

Welche Auswirkungen die verschiedenen Wolkengattungen auf das Wetter haben, soll Ihnen diese kurze Aufzählung einmal verdeutlichen.

Cumulunimbus: Hier ist mit Gewittern, Vereisungen und starken Winden zu rechnen. Sie werden, so gut es geht, zum Wohle des Passagierkomforts umflogen.

Stratocumulus: Diese Wolken sind gut an ihrer »Walzenform« zu erkennen. Ferner beinhaltet sie deutlich sichtbare Helligkeitsunterschiede. Die Wolkenunterseite weist eine recht unstabile Luftschichtung auf, in der mit mehr oder minder starken Winden zu rechnen ist.

Stratus: Stratuswolken sind Schichtwolken, meistens in grau und bedecken weite Flächen des Himmels. Sie haben eine einheitliche Untergrenze und führen meist langanhaltende und breit gestreute Niederschläge mit sich. Die Luftschicht ist hingegen äußerst ruhig und stabil.

Cirrus: Eine aus Eiskristallen bestehende hohe Wolke, meist gut erkennbar an ihrem federähnlichen Schweif. Sie ist häufig im Vorfeld sich nähender Warmfronten zu entdecken.

Cumulus: Diese »Schönwetterwolke« entsteht bei instabilen Luftschichtungen durch vertikale Winde. Sie werden aufgrund ihrer äußeren Erscheinungsform auch häufig als Haufen- oder Schäfchenwolken bezeichnet. Bedingt durch die vorherrschenden instabilen Luftschichten ist mit Winden aus verschiedenen Richtungen zu rechnen. Cumuluswolken lösen sich bei fallenden Temperaturen, meist zum Abend hin auf.

Um Ihnen den Aufenthalt an Bord so angenehm wie möglich zu gestalten und natürlich auch, um das Flugzeug nicht unnötig zusätzlichen Belastungen auszusetzen, werden Gewitterwolken so gut es geht umflogen. ■

©Aleksandr Papichev/123RF.com

4.4 WAS SIND TURBULENZEN?

Wer kennt ihn nicht, diesen allseits benutzen Begriff des »Luftlochs«, schließlich wird doch von Generation zu Generation die feste Überzeugung weitergereicht, dass Luftlöcher die Ursache von Turbulenzen seien. Doch was ist wirklich dran an dieser Theorie?

Gut, wir alle wissen, dass die Luft dort oben erheblich dünner wird. Aber so dünn…? Und wie muss ich mir das überhaupt vorstellen? Fliegt das Flugzeug dann plötzlich in eine Art Vakuumblase? Wo dann unerwartet keine Luft mehr vorhanden ist, weshalb kein Auftrieb zu Stande kommt und dem Flugzeug samt Passagieren förmlich die Luft wegbleibt?

Nun, die Wahrheit sieht doch etwas anders aus… Luftlöcher existieren nicht!! Was sie und das Flugzeug spüren ist nichts anderes als laminare oder turbulente Luftbewegungen die unseren Flugweg kreuzen. Und Luftbewegung nennt man allgemein üblich Wind!

Turbulenz ist somit nichts anderes als Wind!!

Je nach Intensität der Winde, gleicht das Flugzeug, genauer gesagt der Autopilot, diese »Störgrößen«, durch mehr oder minder intensive Korrekturbewegungen wieder aus. Sicherlich könnte der Pilot das auch, nur nicht mit der gleichen Präzision, da der Autopilot als Computer nun mal schneller reagiert als unser Gehirn…,

Turbulenzen werden meist als unangenehm wahrgenommen und von Menschen mit Flugangst regelrecht gefürchtet. Dem Flugzeug allerdings können Sie absolut nichts anhaben. Sicherlich, Turbulenzen hindern die Passagiere beim Wohlfühlen an Bord und das ist so ziemlich der wichtigste Grund, warum auch Piloten und Flugbegleiter sie nicht mögen. Doch während Sie die Anschnallzeichen in der Kabine wahrnehmen und die ersten »Ruckler« Ihren Körper durchschütteln, sitzen die Piloten tiefenentspannt im Cockpit, trinken Ihren Kaffee und haben lässig ein Bein auf der Fussstütze des Armaturenbretts abgestützt…

Je nach Intensität der Turbulenzen wird der Pilot unter Umständen die Geschwindigkeit des Flugzeuges verringern oder das Turbulenzgebiet umfliegen. Mit einer Geschwindigkeitsreduktion auf die sogenannte Turbulenz Penetration Speed (Turbulenzgeschwindigkeit), sollen die am Flugzeug angreifenden Kräfte so gering wie möglich gehalten werden. In Summe haben Turbulenzen verschiedene Auslöser. Zum einen sprachen wir bereits über die verschiedenen Wolkengattungen, insbesondere die Gewitterwolken. Aber auch geografische Gegebenheiten wie beispielsweise Berge (Hangströmungen) oder große Wasserflächen (vertikal aufsteigender Wasserdampf) lassen Winde bzw. Wolken und damit Luftbewegungen entstehen. Zum anderen und damit auch der wichtigste Auslöser für die Entstehung von Wind ist allerdings das Zusammenspiel von Hoch- und Tiefdruckgebieten sowie warmen und kalten Gebieten.

Beim Fliegen ist die Begegnung mit Wind so alltäglich wie Ihre Morgentoilette. Oftmals begegnen wir beim Durchfliegen unterschiedlicher Höhen Winden mit unterschiedlichen Geschwindigkeiten.

Fliegen wir beispielsweise aus einer Höhe mit ruhiger Luft in eine Höhe mit Wind, werden wir natürlich von diesem Wind erfasst. Dieser Wind verursacht an seiner Grenzschicht, wo der fliessende Windkanal die ruhige Luft die ihn umgibt aufwirbelt und mitreißt, Turbulenzen.

Sie kennen das alle aus dem Straßenverkehr, wenn Sie auf der Autobahn einen LKW überholen. Kaum sind Sie aus dem Windschatten heraus, erfasst Sie wieder der vorherrschende Umgebungswind. Oder stellen Sie sich vor, Sie stehen am Bahnsteig. Es ist schönstes Wetter, kein Lüftchen weht und jetzt fährt der Zug ein. Was spüren Sie? Richtig, Wind!

Zusammenfassend kann man sagen, dass auftretende Belastungen durch Turbulenzen, sowohl für das Flugzeug, als auch für Sie als Passagier vollkommen ungefährlich sind. Vorausgesetzt…Sie sind angeschnallt!

Die neuesten Sicherheitsstandards schreiben vor, dass Sie sich als Passagier auf Ihrem Platz immer anzuschnallen haben, selbst wenn die Anschnallzeichen über Ihnen erloschen sind! Ich kann Ihnen nur raten diesen Punkt auch zu beherzigen, denn solange Sie angeschnallt sind, können Ihnen jedwede Flugzeugbewegungen und auch stärkste Turbulenzen partout nichts anhaben! ■

4.5
WAS SIND CLEAR AIR TURBULENCE?

Clear Air Turbulence (CAT) oder in Deutsch »Klarsichtturbulenz« sind Turbulenzen die aus der Beobachtung des Luftraumes ohne Referenzen wie beispielsweise Wolken nicht wirklich vorhersagbar sind. Sie entstehen durch das Aufeinandertreffen von großen Luftmassen in den oberen Luftschichten und erzeugen mitunter sehr starke Aufwärts- oder Abwärtsbewegungen, die extrem unangenehm sind. Sicherlich ist es am Ende des Tages »nur« Wind, doch die Unberechenbarkeit der plötzlichen Windrichtung und Geschwindigkeit treffen das Flugzeug meist unvorbereitet, was zu Komplikationen in der Kabine führen kann.

Seit einigen Jahren hören Sie deswegen auch unmittelbar nach dem Abheben die Borddurchsage:

»Sehr geehrte Damen und Herren, wir möchten Sie bitten auch während des gesamten Reisefluges ihre Sicherheitsgurte geschlossen zu halten, auch wenn die Anschnallzeichen über Ihnen erloschen sind. Dies dient Ihrer eigenen Sicherheit, da jederzeit und unerwartet Turbulenzen auftreten können.«

Nichtsdestotrotz KANN das Flugzeug nicht abstürzen, da es trotz Turbulenzen weiter mit ca. 900 km/h unterwegs ist und jederzeit mehr als genügend Auftrieb an seinen Flügeln erzeugt.

Ergo: Bleiben Sie mittels Ihrer Beckengurte einfach am Platz angeschnallt, dann kann Ihnen nichts passieren. ■

©primagefactory/123RF.com

4.6 WIE WERDEN TURBULENZEN KLASSIFIZIERT?

Man unterteilt die Intensität von Turbulenzen wie folgt:

1. Light Turbulence (leichte Turbulenzen): Sie verursachen ein leichtes, fast rhythmisches Schütteln des Flugzeuges, ohne große Veränderung der Flugzeuglage oder Höhe. Der Bordservice wird aufrechterhalten und ein Stehen und Gehen ist ohne Probleme möglich.

2. Moderate Turbulence (moderate Turbulenz): Ähnlich der leichten Turbulenz, nur von größerer Intensität. Der Bordservice wird meistens beibehalten, doch ein Stehen und Gehen fällt deutlich schwerer. Platzierte Gegenstände neigen zu verrutschen. Zur Sicherheit wird meistens schon hier der Bordservice eingestellt und die Flugbegleiter kriegen die Anweisung sich hinzusetzen, denn weder Sie noch die Borbesatzung möchte beispielsweise durch verschüttetes, kochend heißes Teewasser verletzt werden.

3. Severe Turbulenz (schwere Turbulenz): Sie verursachen harte Stöße und abrupte Änderungen in Höhe & Lage des Flugzeuges. Die Passagiere empfinden sie als äußerst unangenehm. Der Bordservice wird definitiv eingestellt, da lose Gegenstände nicht mehr sicher sind. Stehen und Gehen in der Kabine ist nicht mehr möglich.
4. Extreme Turbulence (extreme Turbulenz): Ähnlich der schweren Turbulenz, nur dass die abrupten Bewegungen länger anhalten und von größerer Intensität sind. Extreme Turbulenzen bewegen sich in einem Belastungsbereich von mehr als 2,5g und sind glücklicherweise äußerst selten! ■

©Andrey Zhorov/Shutterstock.com

4.7 SIND LANDUNGEN BEI SEITENWIND EIGENTLICH GEFÄHRLICH?

Immer wieder werden in den Medien Landungen von Flugzeugen bei Seitenwind gezeigt (sogenannte Crosswind Landings). Die Piloten werden als Helden gefeiert und die zugegebener Maßen mitunter spektakulär anzuschauenden Landungen als mittlere Wunder.

Aber wollen wir die Kirche mal im Dorf lassen! Sicherlich sind Landungen bei kräftigem Seitenwind anspruchsvoll und erfordern die volle Aufmerksamkeit der Cockpitbesatzung, dennoch gehören sie zum »täglich Brot« für Piloten.

Bei einer häufig benutzten Landetechnik bei Seitenwind, dreht der Pilot die Nase des Flugzeuges mittels des Seitenruders in den Wind (Gieren) und schiebt das Flugzeug jetzt quasi weiter vorwärts. Dies erklärt die spektakuläre Ansicht von Flugzeugen, die oftmals quer zur Landebahn und kurz vor dem Aufsetzen fotografiert oder gefilmt werden.

Eine Crosswind Landing ist jedoch nicht beliebig möglich. Abhängig vom Flugzeugtyp und seinem Gewicht gibt es für jedes Flugzeug Limits für die Stärke des Seitenwindes, nach dessen Überschreiten eine Landung aus Sicherheitsgründen nicht mehr erfolgen darf.

Natürlich kennen die Piloten als auch die Fluglotsen sowohl diese Limits sowie selbstredend auch die aktuellen Windgeschwindigkeiten. Ein sicheres Landen ist daher zu jederzeit und trotz spektakulärer Aufnahmen gegeben! ■

©Konstantin Kamenetskiy/123RF.com

4.8 WIE GEFÄHRLICH SIND LANDUNGEN BEI GEWITTER?

Ich gebe gerne zu, dass so manches Gewitter am Boden schon recht bedrohlich wirken kann. Riesige dunkle Wolken wälzen sich am Horizont, Blitze erhellen den dunklen Himmel und teils heftige Windböen lassen einen die geplante Kaffeetafel im Garten schnell nach drinnen verlegen. Aber ist das alles nun wirklich für startende oder landende Flugzeuge gefährlich? Ja und nein… Die Fliegerei stört sich nicht wirklich an Wolken, Niederschlag oder Blitzen, aber was wirklich zählt sind die aufkommenden Windgeschwindigkeiten. Angelehnt an meine Ausführungen bei Seitenwindlandungen (Frage 4.7, siehe Seite 80) kann ein Flugzeug aufgrund seiner Größe und seines Gewichts nur mit begrenzten Windgeschwindigkeiten umgehen. Bei Gewitter kommt bevorzugt eine weitere Windvariante ins Spiel, die eine Landung wohlüberlegt werden lässt: Die Scherwinde oder auch Windscherung (Windshear). Je nach Wetterlage kann ein Scherwind horizontal oder vertikal vorkommen und das Flugzeug somit unerwartet mitreißen. Da dies, wie man sich denken kann, besonders in Bodennähe während des Landeanflugs gravierende Auswirkungen haben kann, sind moderne Verkehrsflugzeuge mit einem Windshear Warning System ausgerüstet. Auch der Flughafen hat ein solches System und misst ohnehin ständig und an verschiedenen Punkten einer Runway die dort vorherrschenden Windbedingungen. Wird eine Windscherung registriert oder überschreitet eine Windbö die max. zulässige Windgeschwindigkeit wird der Pilot das Flugzeug durchstarten (Go-Around) oder die Anweisung zum Durchstarten vom Tower erhalten. ■

4.9 WARUM SPIELT DER LUFTDRUCK IN DER FLIEGEREI EINE SO GROSSE ROLLE?

Luftdruck und Flughöhe stehen in enger Abhängigkeit zueinander. Mit anderen Worten, steigt oder fällt der Luftdruck, verändert sich auch unsere angezeigte Flughöhe. Unter Piloten gibt es bezogen auf Hoch- und Tiefdruckgebiete den schönen Merksatz: »From high to low look out below«. Doch wie stellt man nun sicher, dass Flugzeuge die aus unterschiedlichen Luftdruckgebieten kommen nicht zusammenstoßen und der Pilot immer den korrekten Luftdruck für seine Höhenberechnung zu Grunde legt? Es ist ganz einfach: Man bedient sich eines Tricks:

Der gesamte Luftraum wird in zwei Abschnitte unterteilt, einem oberen Abschnitt und einem unteren. Der Trick ist nun, dass man unabhängig vom tatsächlich vorherrschenden Wetter, beim Übergang vom unteren in den oberen Abschnitt annimmt, das hier der ideale Standardluftdruck vorliegt – und das gilt weltweit! Der Umkehrschluss ist, dass der tatsächliche Luftdruck nur eingestellt und damit berücksichtigt werden muss, wenn das Flugzeug im unteren Abschnitt fliegt. Diese unteren Abschnitte gelten daher nur in einem bestimmten Radius um den Flughafen und sind damit auch nur für Starts und Landungen relevant. Die Grenze beider Abschnitte nennt man Übergangshöhe (im englischen: Transition Altitude). Sie liegt in Deutschland üblicherweise bei 5000ft (Fuß), wobei gilt: 1 Fuß = 0,305 Meter.

Beim Durchfliegen der Grenze von unten nach oben, stelle ich meinen Höhenmesser also weltweit einheitlich auf Idealbedingungen, sprich auf 1013,25 hPa (Hektopascal). Da dies alle Flugzeuge tun, ist der tatsächliche Luftdruck egal. Alle Flugzeuge haben somit oberhalb der Übergangshöhe denselben zur Grunde liegenden Wert für ihre Höhenmesser. Folglich basieren alle Höhenangaben auf einheitlichem Fundament. Befindet sich das Flugzeug im unteren Abschnitt, welcher vereinfacht gesagt dem Einzugsgebiet eines Flughafens entspricht, wird der aktuelle und tatsächlich vorherrschende Luftdruck vom Kontrollturm und damit der Flugsicherung an jedes Flugzeug im Einzugsbereich mitgeteilt. Diese Angabe muss zur Sicherheit korrekt von den Piloten wiederholt und bestätigt werden.

Wir sparen uns also im Reiseflug das stetige korrigieren des Luftdrucks beim Durchfliegen von Wetterzonen, was die Arbeitsbelastung im Cockpit reduziert und für mehr Sicherheit sorgt.

Ein Wort noch zu den Flughöhen. Während im unteren Abschnitt die Höhenangaben in Fuß ausgedrückt und übermittelt werden, wird die Flughöhe im oberen Abschnitt als Flight Level (FL) angegeben. Der Flight Level ist die Höhe in Fuß, geteilt durch 100. ■

©Kiwis/Shutterstock.com

4.10 IST DAS FLIEGEN AM TAG EIGENTLICH SICHERER ALS BEI NACHT?

Verkehrsflugzeuge müssen gemäß geltendem Recht nach Instrumentenflugbedingungen (IFR – Instrument Flight Rules) operieren. Das heißt, dass sie zum einen im kontrollierten Luftraum mittels Radarführung der Fluglotsen geleitet und überwacht werden, zum anderen, dass die Piloten sich beim Fliegen komplett auf Ihre Instrumente verlassen und in Summe jederzeit wissen, wo sie sich im dreidimensionalen Luftraum befinden.

Für den Instrumentenflug ist somit keine Sicht nach draußen notwendig, so dass es auch keinen Unterschied macht, ob das Flugzeug am Tag oder in der Nacht fliegt. Die Piloten operieren in beiden Fällen gänzlich nach den Cockpitinstrumenten.

Während die Piloten tagsüber und unterhalb von FL100 vermehrt mit Kleinflugzeugen rechnen müssen, die im Gegensatz zum Instrumentenflug nach Sichtflugregeln (VFR – Visual Flight Rules) operieren, ist das Verkehrsaufkommen nachts deutlich reduziert, da ob der fehlenden Sicht im VFR-Bereich kaum Privatverkehr unterwegs ist.

Zusammenfassend kann man festhalten, dass es keinen sicherheitsrelevanten Unterschied macht, ob die Verkehrsfliegerei bei Tag oder Nacht operiert. ■

©Fasttailwind/Shutterstock.

4.11 WIE LANDEN FLUGZEUGE BEI NEBEL?

Flugzeuge starten und landen quasi rund um die Uhr. Doch nicht immer haben die Piloten dabei Kaiserwetter. Allzu oft sind die Wetterbedingungen, vor allem die damit einhergehenden Sichtweiten stark eingeschränkt. Mitunter haben die Piloten bis zum Touch Down auf der Landebahn gar keine Sicht nach außen. Doch wie finden Piloten denn jetzt die Landebahn?

Dafür sorgt ein Funknavigationssystem was sich ILS schimpft (Instrument Landing System). Es ist natürlich Voraussetzung, dass sowohl das Flugzeug als auch der Flughafen mit einem solchen System ausgestattet sind.

Das ILS sendet zwei sogenannte Leitstrahlen aus. Der eine ist für den Kurs, der andere für den Gleitpfad. Beide Leitstrahlen bilden im Empfangsgerät im Cockpit eine Art Fadenkreuz, bestehend aus einer senkrechten und einer waagerechten Anzeigelinie. Fliegt der Pilot exakt auf den Leitstrahlen, kreuzen sich beide Anzeigelinien in einem Referenzpunkt, so dass der Pilot weiß das er »auf Kurs« ist. Sobald er nach oben, unten, links oder rechts vom idealen Kurs abweicht, wandern die entsprechenden Anzeigelinien vom Referenzpunkt weg, so dass der Pilot entsprechend seinen Kurs korrigieren kann.

Als zusätzliche Hilfen dienen dem Piloten sowohl ein Entfernungsmesser (DME – Distance Measuring Equipment) als auch sogenannte Einflugzeichen. ■

©PaylessImages/123RF.com

Diese Einflugzeichen, meist zwei und als Outer und Middle Marker bezeichnet, dienen dem Pilot als Referenzpunkte, mit denen eine festgelegte Höhe und eine spezifische Entfernung zur Landebahn gekoppelt ist. Weiterhin ist die Anflugbefeuerung durch ein spezifisches Lichtsystem essenziell, damit die Piloten unmittelbar vor der Landung optische Referenzpunkte haben.

Abhängig von den tatsächlichen vorhandenen Sichtweiten, unterscheidet man verschiedenen Kategorien einer Instrumentenlandung (Precision Approach). Diese heißen CAT I, CAT II und CAT III und werden teilweise noch unterteilt.

Diese Kategorien beinhalten Entscheidungskriterien, ob der Pilot bei schlechter Sicht landen darf oder nicht. Sie unterscheiden sich zum einen in der sogenannten Entscheidungshöhe (Decision Height), zum anderen in der vorhandenen Landebahnsicht (RVR – Runway Visual Range).

Die Decision Height (DH) gibt eine Höhe über Grund an, bei dessen Passieren der Pilot spezifische Punkte der Landebahn oder Anflugbefeuerung sehen muss. Die Runway Visual Range gibt zudem eine mindestens sichtbare Länge der Landebahn vor, die der Pilot zu diesem Zeitpunkt erkennen muss. Ist eines von beiden nicht gegeben, muss der Pilot durchstarten (Go-Around) und den Anflug abbrechen.

Es gilt, je höher die Kategorie, desto weniger Sicht ist erforderlich!

Beispiele:
CAT II, DH zwischen 100 und 200 Fuß, RVR nicht weniger als 350 m
CAT IIIC, DH 0, RVR 0 ■

5

WAS PASSIERT, WENN...

5.1 WAS PASSIERT, WENN BEIM START EIN TRIEBWERK AUSFÄLLT?

Triebwerke heutiger Verkehrsflugzeuge sind extrem zuverlässig. Dennoch ist es nicht gänzlich auszuschließen, dass ein Triebwerk auch mal ausfällt.

Entscheidend für Piloten ist nun die Frage: WANN fällt das Triebwerk aus? Maßgeblich für das Handeln ist hier die sogenannte Entscheidungsgeschwindigkeit, V1 abgekürzt. Die V1 wird neben diversen anderen Geschwindigkeiten und Parametern vor dem Flug durch die Piloten berechnet (Startdatenberechnung) und gibt den Zeitpunkt an, nach dessen Erreichen ein Abheben des Flugzeuges sicherer wäre als eine Vollbremsung. Warum? Weil da die danach zu Verfügung stehende Startbahnlänge in der Regel nicht mehr ausreichen würde, um das Flugzeug sicher auf der Rollbahn zum Stehen zu bekommen. Und da Flugzeuge bekanntlich zum Fliegen gebaut sind, ist es mit Überschreiten der Entscheidungsgeschwindigkeit sicherer mit dem Flugzeug abzuheben, als ins Gemüse zu rollen!

Dies gilt im Übrigen nicht nur für einen Triebwerksausfall, sondern für gänzlich alle Unwägbarkeiten denen Piloten im Startverlauf begegnen können.

Sollte es nun zu einem Triebwerksausfall vor Erreichen von V1 kommen, wird der Startabbruch von den Piloten initiiert und das Flugzeug käme einfach wieder zum Stehen.

Bei einem Triebwerksaufall nach Erreichen von V1 hebt das Flugzeug ab und die Piloten leiten das sog. »One Engine Out« Prozedere ein.

Dafür bedienen sie sich zunächst der entsprechenden Checklisten im Cockpit und arbeiten flugzeugtypenspezifisch die erforderlichen Maßnahmen ab. Dann werden Tower und Crew informiert, um das Flugzeug im Anschluss wieder zu landen.

Was hier sehr dramatisch klingt verläuft im Cockpit tatsächlich extrem routiniert und ruhig ab. Piloten trainieren Triebwerksausfälle buchstäblich seit ihrer ersten Flugstunde und müssen es ihr ganzes Berufsleben in immer wiederkehrenden Prüfflügen im Simulator nachweisen.

Sollte sich so ein Triebwerk also nicht gerade spektakulär und hollywoodreif vor Ihren Augen zerlegen (wofür es nicht den geringsten Grund - außer in einem Hollywoodfilm - gäbe), würden Sie den Triebwerksausfall mit großer Wahrscheinlichkeit nicht Mal mitbekommen!

Durch den fehlenden Schub eines Triebwerkes würde das Flugzeug beginnen um die Hochachse zu drehen (gieren) sowie um die Längsachse eine Kurve einzuleiten (rollen). Die Piloten gleichen das spielend leicht aus, in dem sie mit dem Seitenruder die Drehung und mit dem Querruder die Kurve abfangen noch bevor Sie als Passagier diese Bewegungen überhaupt wahrnehmen. ■

5.2 WAS PASSIERT, WENN ALLE TRIEBWERKE IM FLUG AUSFALLEN?

Dass dieser Fall eintritt, ist nach dem Gesetz der Wahrscheinlichkeit nahezu unmöglich! Ja, es ist schon einmal passiert, denn wir alle erinnern uns an die spektakuläre Wasserlandung eines Airbus A320 auf dem Hudson River in New York. Dennoch kann man die Häufigkeit dieses Zwischenfalls in der Geschichte der heutigen Luftfahrt an einer Hand abzählen. Pro Tag zählen wir bis zu 200.000 Flüge, das macht im Jahr ca. 70 Millionen Flüge und in zehn Jahren 700 Millionen Flüge. Es ist demnach wahrscheinlicher, dass Sie in Deutschland den Lotteriejackpot gewinnen, als dass Sie einen kompletten Triebwerksausfall selbst erleben werden.

Sollte es dennoch zu diesem unwahrscheinlichen Ereignis kommen, fällt das Flugzeug auf keinen Fall wie ein Stein vom Himmel!

Jedes Flugzeug hat Segelflug-Eigenschaften! Die Fähigkeit in der Luft zu segeln wird bei jedem Flugzeug durch die sog. Gleitzahl beschrieben. Diese definiert einfach gesagt das Verhältnis von zurückgelegter Strecke zu Höhenverlust.

Beim Ausfall aller Triebwerke nehmen die Piloten eine auf Basis der Gleitzahl optimale Gleitgeschwindigkeit an. Bei einem Airbus A320 heißt das, dass das Flugzeug pro 100 Fuß Höhenverlust etwa 4,5 km segeln kann. Aus 10 km Reiseflughöhe entspräche dies ca. 150 km Reichweite oder 20 Minuten Segelzeit, was recht viel ist, um in Europa oder den USA einen Flughafen zu erreichen. ■

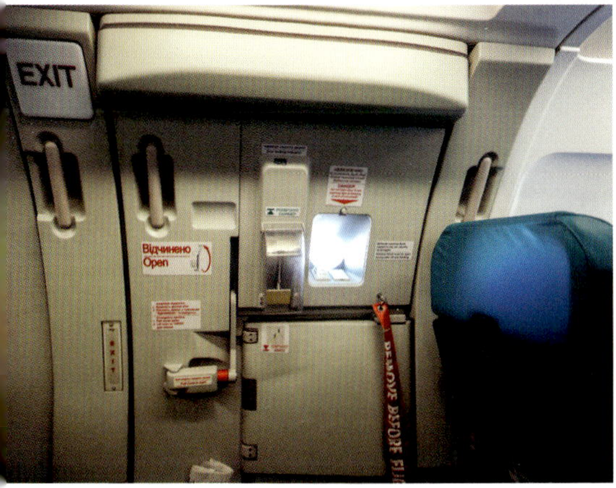

©Kirill Ryzhov/123RF.com

5.3 WAS PASSIERT, WENN MAN IM REISEFLUG DIE TÜR AUFMACHT?

Das ist eine der Lieblingsfragen meiner Teilnehmer in meinen Flugangstseminaren.

Prinzipiell sind Türen oder Notausgänge so konzipiert, dass sie bedingt durch den in der Kabine herrschenden und in Bezug auf die Flugzeugumgebung größeren Luftdruck von innen in den Türrahmen gepresst werden und so die Kabine verschließen.

Der Hersteller des Flugzeuges (beispielsweise Airbus, Boeing oder Embraer) hat übrigens per Gesetz und vor Zulassungsgenehmigung des Flugzeuges den Nachweis zu erbringen, dass sein Flugzeug bei einem auftretenden Zwischenfall, binnen 90 Sekunden komplett durch die vorhandenen Türen evakuiert werden kann, deren Anzahl also kein Zufall ist! In Abhängigkeit der vorhandenen Passagiersitze muss es nämlich eine entsprechende Anzahl an Türen geben. Im Umkehrschluss bedeutet das, wenn eine Tür beispielsweise mal kaputt geht und verschlossen bleiben muss, dürfen nur eine bestimmte Anzahl Passagiere mitfliegen, um die Evakuierung in 90 Sekunden zu gewährleisten.

Sie fragen sich jetzt sicher: »Alles schön und gut, doch was ist, wenn jemand während des Fluges nun die Tür aufmacht?«

Ich kann Sie da komplett beruhigen! Im Reiseflug herrscht – wie wir bereits wissen – zwischen dem Inneren des Flugzeuges sowie der Außenumgebung ein Druckunterschied von ca. 8,5 psi also ~0,6 bar, sprich 600 Millibar.

Daraus folgt:

- 1 mbar entsprechen 100 Newton pro m^2
- 100 Newton pro m^2 entsprechen ca. 10 kg pro m^2

Ergebnis:
600 mbar = 60.000 Newton pro m^2
= 6.000 kg oder 6 Tonnen pro m^2

Mit anderen Worten, die Tür wird, wie oben beschrieben, mit ca. 6 Tonnen pro Quadratmeter in Ihre Verankerung gedrückt. Jemand müsste sich also mit einer Kraft von 6 Tonnen und mehr an der Tür zu schaffen machen, bevor diese aufgeht!

Glauben Sie mir, vorher ist jeder Türhebel abgebrochen und der vermeintliche »Proband« liegt unverrichteter Dinge erschöpft am Boden. ■

©Maurizio Giovanni Bersanelli/123RF.com

5.4 WAS PASSIERT, WENN IM REISEFLUG EIN FENSTER PLATZT?

Die Anforderungen an Fensterscheiben im Flugzeug sind einfach. Sie sollten stabil gebaut sein, dem maximalen Kabinendifferenzdruck von 8,5 psi (Frage 3.8, siehe Seite 57) standhalten können und natürlich durchsichtig sein.

Das Prinzip der Fail-Safe-Methode verlangt, dass min. zwei meistens sogar drei Scheiben pro Fenster eingebaut sind, wobei natürlich eine Scheibe allein bereits dem maximalen Kabinendruck standhalten könnte!

Übrigens: Die Gesamtdicke der Cockpitscheibe eines Jumbojets beträgt satte ca. 3,5 cm!

Sollte es dennoch zum fast Unmöglichen kommen und ein Fenster geht komplett kaputt, geht dies mit einem Druckverlust in der Kabine und einem Notsinkflug einher, was von der Cockpitbesatzung immer wieder im Rahmen jährlicher Überprüfungen geübt wird.

Als Folge fallen automatisch die Sauerstoffmasken aus der Kabinendecke über Ihnen, es wird schlagartig kalt (ca. minus 50°C in 10.000 Meter Höhe), es wird sehr laut, da wir nun ungedämpft die Triebwerke und den Fahrtwind hören können und der entweichende Kabinendruck bewirkt einen starken Sog der Kabinenluft aus dem Fenster raus.

Aber mehr passiert nicht! Das Flugzeug wird dann von den Piloten auf eine Höhe von ca. 2500 Meter gebracht, wo ausreichend Luft zum Atmen vorhanden ist. ■

©Jaromir Chalabala/123RF.com

5.5 WAS PASSIERT, WENN DIE BORDELEKTRIK AUSFÄLLT?

Ich werde in meinen Seminaren gegen Flugangst auch immer wieder gefragt: »Was passiert, wenn an Bord die Elektrik ausfällt?« Daher möchte ich Ihnen an dieser Stelle eine kurze Einführung in die Bordelektrik geben.

Jedes Triebwerk eines Flugzeuges treibt einen eigenen Generator für die Stromversorgung an Bord an. Dazu gehört auch die Hilfsturbine APU (Auxillary Power Unit), welche Strom für die Bordelektrik, vornehmlich am Boden bei abgeschalteten Triebwerken, aber auch in der Luft erzeugen kann.

Die Generatoren eines Triebwerkes produzieren lediglich 115 V (Volt) Wechselstrom mit einer Frequenz von 400Hz (Hertz). Im Gegensatz zum Strom der aus unserer häuslichen Steckdose kommt und 220V Spannung bei 50Hz misst.

Je nach Flugzeugtyp speisen diese Generatoren den produzierten Strom in mindestens zwei elektrische Hauptleitungen ein, die »main bus« genannt werden. Sämtliche Stromverbraucher im Flugzeug sind nun an diese Hauptleitung angeschlossen und einzeln per Sicherung (Circuit Breaker) abgesichert. So kann bei eventuell auftretenden Kurzschlüssen, nahezu jedes einzelne elektrische Gerät an Bord von der Stromzufuhr getrennt und/oder auch zur Fehlersuche isoliert werden. Dies erklärt unter anderem diese gewaltige Flut kleiner schwarzer Schalter die sich meist

©nikkytok/123RF.com

über den Piloten im sogenannten Overhead Panel, oder jeweils hinter ihnen in der Cockpitrückwand befinden.

Ferner wird von jedem Main Bus aus, ein Batterieladegerät versorgt, das nebenher mindestens zwei Batterien auflädt.

Nach dem Prinzip der Fail-Safe-Methode ist es für die Elektrik egal, ob ein Generator, ein Triebwerk oder gar alle Treibwerke ausfallen würden. Spätestens der übrig gebliebene Generator der APU würde das Flugzeug noch ausreichend mit Strom versorgen. Sollte der nahezu unmögliche Fall eintreten, dass kein Strom mehr durch Generatoren erzeugt werden kann, hat das Flugzeug noch oben benannte Batterien. Diese produzieren mittels eines Transformators den erforderlichen Wechselstrom, um wichtigste Bordelektronik bis zu einer Landung am Laufen zu halten. ■

©YILMAZUSLU/Shutterstock.com

5.6 WAS PASSIERT, WENN IM FLUGZEUG DER BLITZ EINSCHLÄGT?

Nichts! Blitzeinschläge sind relativ selten und können der Bordelektrik in der Regel nichts anhaben. Das Flugzeug ist analog zu Ihrem Auto ein sogenannter Faraday'scher Käfig und fungiert sozusagen in seiner Gesamtheit als Blitzableiter. Da das Flugzeug keine Erdung hat, würde der Blitz von seiner Eintrittsstelle, über die Flugzeugoberfläche zu einer Austrittsstelle fließen, um dort wieder in die Atmosphäre geleitet zu werden, ohne dass das Innere des Flugzeuges in Mitleidenschaft gezogen würde.

Das Schlimmste was passieren könnte, wäre ein Einschlag des Blitzes direkt eine in Antenne, was jedoch aufgrund der Fail Safe Konstruktion und Redundanz von Systemen keinerlei Problem darstellen würde.

Die Piloten würden einen Blitzschlag für die Techniker am Boden dokumentieren, weil ein Blitzschlag Spuren hinterlässt. Die Eintrittsstelle beispielsweise weist meistens eine kleine schwarze Vertiefung von mehreren Millimetern Durchmesser auf, wo die gewaltige Energie des Blitzes die Rumpfstruktur leicht beschädigt hat. Diese wird entsprechend ausgebessert und gut ist´s.

Vielleicht sind Ihnen an den Hinterkanten der Flügel oder Leitwerkskonstruktion schon einmal diese meist zahlreichen kleinen Stäbchen aufgefallen? Hierbei handelt es sich um sogenannte Statikentlader (Static discharger) die das natürlich Auflagen des Flugzeuges durch Reibung mit der Luft und damit das Begünstigen eines Blitzschlages verhindern. ■

5.7
WAS PASSIERT, WENN VOR DEM START DIE KLAPPEN NICHT AUSFAHREN?

Wie wir aus Frage 1.5 (siehe Seite 11) wissen, brauchen wir zum Start in aller Regel unsere Auftriebshilfen (Slats und Flaps), da wir aufgrund unseres Gewichtes und der dafür benötigten Abhebegeschwindigkeit zusätzlichen Auftrieb an unseren Flügeln benötigen.

Während unserer Startdatenberechnung ermitteln wir im Cockpit allerhand Werte die für unseren Take-Off relevant sind. Diverse Checklisten im Cockpit helfen den Piloten die entsprechende Konfiguration einzustellen und gehören zum Pflichtprogramm vor jedem Start!

Basierend auf diesen Werten und den damit verbundenen Einstellungen in den entsprechenden Systemen überwacht das sogenannte »Take-Off Warning System«, ob wir im Cockpit die korrekte Konfiguration für einen bevorstehenden Start gewählt haben. Das Take-Off Warning System macht sich im Cockpit lautstark durch Warntöne bemerkbar, gefolgt von einer Warnnachricht die den Grund für die Warnung induziert. Das System reagiert umgehend wenn ich meine Take-Off Power setze, sprich »Gas gebe« und sich mein Flugzeug in einer Konfiguration befindet, die keinen sicheren Start gewährleistet.

Das System warnt dann solange, bis entweder die korrekte Konfiguration eingestellt ist, oder der Start von den Piloten abgebrochen wird.

Solange wir also ein Take-Off Warning System haben, kann uns also im Falle des Vergessens von »Klappen fahren« vor dem Start nichts passieren. ■

©Brian Scantlebury/123RF.com

5.8 WAS PASSIERT, WENN ZUR LANDUNG DIE KLAPPEN NICHT AUSFAHREN?

Das kommt ganz darauf an, was der Grund dafür ist, dass die Landeklappen nicht ausgefahren sind.

Ein möglicher Grund wäre, dass die Piloten vergessen würden die Landeklappen zu setzen. Dieser Fall ist jedoch quasi unmöglich, da diverse Checklisten die Piloten darauf hinweisen. Doch nehmen wir es trotzdem einmal an.

In diesem Fall würde eine sogenannte Überziehungs-warnung (Stall Warning) die Piloten auf eine falsche Landekonfiguration, präziser gesagt auf eine zu langsame Geschwindigkeit hinweisen.

Je näher wir zur Landebahn kämen, desto mehr würden wir ja auch die Geschwindigkeit unseres Flugzeuges reduzieren. Hätte ich also die vermeintlich richtige Geschwindigkeit, bekomme im Cockpit aber trotzdem die Stall Warning weiß ich, dass etwas nicht stimmt.

In diesem Fall gebe ich unmittelbar Gas und kontrolliere die Konfiguration um festzustellen, dass die Landeklappen nicht gesetzt sind.

Eine weitere Möglichkeit wäre, wenn sich die Landeklappen durch ein Systemversagen gar nicht ausfahren ließen. Aber auch dieses Szenario ist extrem unwahrscheinlich.

In diesem Fall muss ich zur Landung einfach den fehlenden Auftrieb der Landeklappen durch eine erhöhte Landegeschwindigkeit kompensieren.

In der entsprechenden Abnormal Checklist (All Flaps Up Landing) kann ich dann präzise ermitteln welche Geschwindigkeit für eine sichere Landung eingehalten werden muss. Ich lande also einfach mit erhöhter Geschwindigkeit. Ein Beispiel:

Während eine Boeing 737-300 mit komplett ausgefahrenen Flaps und Slats, bei maximalem Landegewicht, eine Landegeschwindigkeit von ca. 140 Knoten = 260 km/h hat, erfolgt die Landung bei gleichem Gewicht, aber OHNE Flaps und Slats als Auftriebshilfen, bei ca. 180 Knoten = 330 km/h.

Ein weiterer Grund ist die sogenannte »Flap-Disagree«. Hier fahren unsere Landeklappen nicht symmetrisch, sondern asymmetrisch aus. Beispielsweise könnte die rechte Seite nur zur Hälfte ausfahren und die linke Seite vollständig. Dieser Zustand würde jedoch bewirken, dass das Flugzeug durch mehr Auftrieb auf der linken Seite zu einem Kurvenflug gezwungen wird, was der Pilot ständig korrigieren muss.

Die auftretenden Belastungen wären enorm und der Zustand ist für einen Endanflug der nur geradeaus geht alles andere als optimal. Hier fährt man die Klappen soweit wieder ein, bis wir einen symmetrischen Stand haben, der uns einen unbelasteten Horizontalflug ermöglicht und kompensiert ebenfalls den fehlenden Auftrieb durch eine höhere Geschwindigkeit.

Der Pilot kann sich übrigens vom Stand der Landeklappen auch visuell überzeugen. Dafür sind in der Passagierkabine links und rechts in Höhe der Tragflächen je ein kleines, schwarzes und auf der Spitze stehendes Dreieck über einem Fenster abgebildet. Schaut ein Pilot oder Mechaniker am Boden aus diesem Fenster kann er den Stand der Landeklappen an einer spezifischen Markierung ablesen. ■

©senohrabek/123RF.com

5.9 WAS PASSIERT, WENN BEI DER LANDUNG EIN REIFEN PLATZT?

Flugzeugreifen tragen das gesamte Gewicht des Flugzeuges. Ein moderner Airbus A320 hat beispielsweise am Hauptfahrwerk links und rechts je zwei Reifen sowie zwei Reifen am Bugfahrwerk. Das ist relativ wenig verglichen mit einem Jumbojet, der zwei linke und zwei rechte Hauptfahrwerke mit insgesamt 16 Reifen besitzt, sowie ebenfalls zwei Reifen am Bugfahrwerk.

Flugzeugreifen sind schlauchlos, im Gegensatz zu den meisten unserer Fahrräder. Sie besitzen auch kein Profil wie unsere Autoreifen, sondern lediglich Längsrillen, die zum einen ein Aquaplaning verhindern, zum anderen als sogenannte Bezugsrillen Auskunft über den Verschließ des Reifens geben. Und der ist hoch!

Flugzeugreifen werden zur Landung nicht in eine Rotation versetzt, sondern beschleunigen in dem Moment wo das Flugzeug den Boden berührt. Demzufolge ist der Gummiabrieb am Reifen auch enorm, was man auf jeder Landebahn gut an den großen schwarzen Flecken rund um die Aufsetzpunkte beobachten kann.

Gefüllt werden Flugzeugreifen mit Stickstoff was dem Brandschutz dient und je nach Gewicht des Flugzeuges gibt es unterschiedliche Reifengrößen und -drücke.

Reifen von Airbus oder Boeing Flugzeugen werden mit einem Druck zwischen 180 bis 220 psi befüllt, was 12-15 bar entspricht – je nach Flugzeugtyp – was täglich kontrolliert wird. Platz nun einer dieser Reifen ist das nicht weiter tragisch. Nach dem Prinzip der Fail-Safe-Methodik übernehmen die restlichen Reifen das Gewicht und gleichen diesen Fehler wieder aus. ■

©Fasttailwind/Shutterstock.com

5.10 WAS PASSIERT, WENN DAS FAHRWERK NACH DEM START NICHT EINFÄHRT?

Ganz einfach (aus technischer Sicht): nichts! Sollte das Fahrwerk aus irgendeinem Grund nicht eingefahren werden können, bleibt es schlichtweg draußen.

Zugegeben ein paar Konsequenzen hat es nun doch… Zum einen ist das Flugzeug wie man sich vorstellen kann nun nicht mehr so aerodynamisch. Mit dem Fahrwerk im Wind bietet es einen großen Widerstand weshalb sich der Kerosinverbrauch relativ stark erhöhen wird. Bei einigen Flugzeugen ist auch die Maximalgeschwindigkeit herabgesetzt, um etwaige Beschädigungen am Fahrwerk zu vermeiden.

Alles in allem sind die Auswirkungen jedoch überschaubar und relativ harmlos. Der Pilot würde sehr kritisch den Kraftstoffverbrauch (Fuel Flow) seines Fliegers beobachten und ggf. einen Ausweichflughafen anfliegen müssen, um nachzutanken.

Dies wäre auch schon die größte Auswirkung dieses Zwischenfalls: Eine satte Verspätung! ■

5.11 WAS PASSIERT, WENN DAS FAHRWERK VOR DER LANDUNG NICHT AUSFÄHRT?

Im Gegensatz zum Nichteinfahren des Fahrwerkes hätte dieser Fall schon weitaus größere Konsequenzen.

Zunächst einmal gibt es verschiedene Möglichkeiten das Fahrwerk auszufahren. Angefangen vom Standard, dem hydraulischen System, über eine elektrisches Alternativsystem bis hin zu einer Handkurbel im Flugzeug. Sie haben richtig gelesen! Der Pilot kann, wenn alle Systeme versagen, die Verriegelung des Fahrwerks per Hand aufkurbeln, so dass das Fahrwerk – immerhin einige Tonnen schwer – durch Eigengewicht nach draußen fällt und sich im Endanschlag von selbst verriegelt. Dies ist übrigens der Grund, warum bei Passagierflugzeugen das Bugfahrwerk immer gegen die Flugrichtung nach vorne einfährt, damit im Falle eines Versagens von Hydraulik oder Elektrik das Fahrwerk, durch die Piloten entriegelt, einfach mittels Eigengewichts und durch den Fahrwind bekräftigt in seine ausgefahrene Endposition gedrückt wird.

Nehmen wir nun aber mal den unwahrscheinlichsten Fall an, dass sich das Fahrwerk gar nicht ausfahren lässt. Was nun? In diesem Fall würde der Pilot sich zuallererst selbst davon überzeugen, ob das auch wirklich der Fall ist und nicht nur die Anzeige im Cockpit kaputt ist. Einige Flugzeuge haben dafür mitten in der Kabine in Höhe der Tragflächen an den Fensterpanelen ein kleines schwarzes und auf dem Kopf stehendes »T«. Wenn der Pilot aus diesen markierten Fenstern schauen würde, blickt er auf eine kleine Markierung im Flügel die ihm anzeigt in welcher Position sich das Fahrwerk gerade physisch befindet. Findet er ein nicht ausgefahrenes Fahrwerk vor und haben alle anderen Maßnahmen im Cockpit versagt, wird der am besten geeignetsten Flughafen auf der Route für eine Notlandung ausgesucht. Hat man diesen identifiziert wird zunächst einmal ein Überflug nahe dem Tower gemacht. Dieser dient dazu, sich durch die Lotsen im Tower nochmals bestätigen zu lassen ob wirklich kein Fahrwerk ausgefahren ist.

In der Folge wird die ausgewählte Landebahn von der Feuerwehr in der Regel mit einem dicken Schaumteppich belegt, während das Flugzeug so lange kreist, bis sich kaum noch Treibstoff in den Tragflächen befindet. Der Schaumteppich soll etwaigen Funkenflug an der Unterseite des Flugzeugrumpfes im Keim ersticken und einem möglichen Inbrandgeraten von Strukturteilen vorbeugen. Im Anschluss wird die Landung vollzogen und das Flugzeug setzt schließlich so langsam und vorsichtig wie es die Pilotenhände hergeben auf dem Schaumteppich unter Erwartung von Feuerwehr und anderen Hilfskräften auf der Landebahn auf.

Dies ist zuletzt einer Boeing der polnischen LOT auf dem Flughafen in Warschau im Jahre 2011 passiert. Niemand wurde verletzt und Piloten wie Rettungskräfte haben sehr gute Arbeit geleistet!

Dass ein Pilot das Ausfahren des Fahrwerkes im Übrigen vergisst ist nahezu unmöglich! Erstens weisen Checklisten darauf hin und zweitens existiert im Cockpit ein Bodenannäherungswarnsystem (Landing Gear Warning System), was automatisch laut im Cockpit ertönt, wenn man dem Boden ohne ausgefahrenem Fahrwerk zu nahe käme! ■

5.12 WAS PASSIERT, WENN EIN STRÖMUNGSABRISS EINTRITT?

Ein Strömungsabriss (Stall) ist sehr gefährlich für ein Flugzeug und hat mehrere Ursachen. Er bewirkt, dass nicht mehr genug Luft über die Tragflächen strömt und damit nicht mehr genug Auftrieb erzeugt wird, um das Flugzeug in der Luft zu halten.

Eine mögliche Ursache liegt in der sogenannten »Überziehung« meines Flugzeuges, d.h. wenn der Anstellwinkel (Angle of Attack) meines Flugzeuges und damit meiner Flügel zu groß wird. Anders gesagt, wenn ich bei einer gegebenen Geschwindigkeit die Nase des Flugzeuges zu weit nach oben ziehe, reicht der Luftstrom irgendwann nicht mehr aus, um es noch über die Flügel zu schaffen und Auftrieb zu erzeugen. Die Folge: Ein Stall!

Wird mein Flugzeug zu langsam, kommt es ebenfalls zu einem Stall, da die vorhandene Luftströmung aufgrund der niedrigen Geschwindigkeit zu schwach wird, um noch den benötigten Auftrieb zu erzeugen.

Aber auch hohe Geschwindigkeiten im Reiseflug sind gefährlich. Unser Flügel hat nämlich ein sogenanntes Unterschallprofil. Komme ich mit meiner Geschwindigkeit daher in den schallnahen Bereich, ändern sich die aerodynamischen Eigenschaften meines Flügelprofils und es käme ebenfalls zum Stall (High Speed Stall).

Zum Glück habe ich im Cockpit eine Stall-Warnung dich mich lautstark und in vielen Fällen auch noch haptisch vor einem bevorstehenden Stall warnt. Dieses System reagiert auf zu steile Anstellwinkel und bei Erreichen einer kritischen Geschwindigkeit, der Abriss- oder Überziehgeschwindigkeit.

Kommt es jedoch zu einem Stall kippt das Flugzeug nach vorne ab, d.h. die Flugzeugnase fällt abrupt nach unten. Diese Eigenschaft nennt sich »längsstabil«, weil das Flugzeug in aller Regel nicht zur Seite wegkippt.

Jetzt ist sofortiges Handeln gefragt! Mit dem Steuerhorn die Nase nach unten drücken, um der Bewegung zu folgen. Gas geben, um Geschwindigkeit und damit Auftrieb zu erzeugen. Und das Flugzeug längsausrichten, d.h. darauf achten, dass es nicht in eine Schieflage (Kurvenflug) gerät. Habe ich das Flugzeug so wieder unter Kontrolle, nehme ich den Horizontalflug wieder auf.

Diese Abfangmanöver auch »Recovery« genannt, gehören zum Standardtrainingsprogramm bei nahezu jedem Simulatortraining von Verkehrspiloten. Schon in der Ausbildung für die Privatpilotenlizenz (PPL) lernt der Flugschüler spätestens ab seiner fünften Flugstunde auf Stalls zu reagieren, was im Folgenden nahezu jeder Flugstunden zum Standardprogramm gehört. Fazit: Ein Stall ist gefährlich für das Flugzeug. Jedoch üben die Piloten ständig auf Stalls zu reagieren und mit ihnen umzugehen. Es liegt in der Natur der Dinge, dass ein Stall in großer Höhe natürlich immer »besser« ist, als in niedrigerer Flughöhe, da ich mehr Zeit (und Platz) zum reagieren habe.

In jedem Fall können Sie hier auf die Kompetenz Ihrer Piloten mit gutem Gewissen vertrauen! ■

©Andrii IURLOV/123RF.com

5.13 WAS PASSIERT, WENN MEIN SITZNACHBAR SEIN HANDY NICHT AUSMACHT?

Das Verbot der Handynutzung an Bord eines Flugzeuges kommt aus einer Zeit, wo sich die Telekommunikation rapide entwickelt hat. Ich kenne durchaus noch Zeiten ohne Handy (und Email) und frage mich so manches Mal, wie die Welt jemals ohne Smartphones existieren konnte… Aber es ging! Und das sogar gut! Nichtsdestotrotz stand man der Handystrahlung sehr skeptisch gegenüber. Man hatte schließlich keine Vergleichswerte und wusste nicht, wie sich die Sendeleistungen von Mobiltelefonen auf die sensible Elektronik im Cockpit auswirken würde. Folglich wurde getreu nach dem Luftfahrtmotto »Saftey first« der Gebrauch von Mobiltelefonen an Bord schlichtweg verboten und das Problem war gelöst.

Allerdings blieb man neugierig und beauftragte die Flugzeughersteller sowie andere unabhängige Institutionen damit herauszufinden, welchen Einfluss Mobiltelefone im Flugzeug wirklich haben. Das Ergebnis bis heute: Keine!

Nichtsdestotrotz blieben die Airlines im Großen und Ganzen bei den Verboten und lockerten nur partiell den Umgang mit Smartphones.

Als Fazit kann man also festhalten, dass Sie keine Angst haben müssen, sollte Ihr Sitznachbar sein Handy trotz Aufforderung zum Ausschalten weiter benutzen. Es kann nichts passieren und spätestens nach Durchqueren einer gewissen Flughöhe hätte Ihr Sitznachbar ohnehin auch keinen Empfang mehr… ■

©Mike Focus/Shutterstock.com

5.14 WAS PASSIERT, WENN EIN VOGEL INS TRIEBWERK GERÄT?

Das hängt zu allererst einmal von der Größe des Vogels ab. Wenn ein Triebwerk neu zugelassen wird, muss der Triebwerkshersteller beweisen, dass ein Vogel der ins Triebwerk gerät, bis zu einer bestimmten Größe keinen Schäden am Triebwerk verursacht. Kleine Vögel wie Sperlinge oder Stare verursachen daher auch keine Schäden. Anders sieht die Lage jedoch aus, wenn ein ganzer Schwarm ins Triebwerk gerät oder aber große und schwere Vögel wir Bussarde, Adler oder Gänse mit dem Triebwerk kollidieren.

Wir alle erinnern uns noch gut an die Notlandung eines Airbus auf dem Hudson River in New York. Der Airbus ist kurz nach dem Start vom Flughafen La Guardia in einen ganzen Vogelschwarm geraten, so dass beide Triebwerke ausfielen. Die Folgen sind allgemein bekannt... Um das so gut es geht zu vermeiden sind die Triebwerksnasen oft mit einer gelblich oder weißen Markierung, meist in Form einer Spirale bemalt. Bei laufenden Triebwerken nehmen die Vögel (als auch Menschen) diese farbliche Markierung als Bewegung wahr und meiden die Triebwerksnähe, was die Wahrscheinlichkeit für einen Zusammenprall nachweislich reduziert. Gänzlich ausschließen kann man sie jedoch nicht. Die kritische Zone für einen Zusammenprall liegt unterhalb von 1000 Fuß (ca. 300 m).

Im Allgemeinen kann man festhalten, dass die heutigen Triebwerke einem Bird Strike recht robust standhalten können. In besonders schwerwiegenden Fällen kann es zum Triebwerksausfall kommen, was jedoch äußerst selten ist. ■

6
SONSTIGES

6.1 WELCHE KRÄFTE WIRKEN AUF DAS FLUGZEUG UND SEINE PASSAGIERE?

Um ein Flugzeug in seiner Konstruktion richtig zu dimensionieren ist es wichtig, alle auftretenden Kräfte (Lasten) und deren Verteilung zu kennen. Diese so genannten »Lastfälle« legen die maximalen Grenzen fest, denen das Flugzeug noch ausgesetzt sein darf und innerhalb deren Grenzen es sicher fliegen kann. Die davon abgeleitete sogenannte »Sichere Last« liegt bei modernen Verkehrsflugzeugen bei ca. 3,8 g, d.h. also 3,8 multipliziert mit dem Eigengewicht des Flugzeuges ergibt die eigentlich höchste Belastung denen ein Flugzeug ausgesetzt sein kann, ohne dass es zu Bruch geht.

Da es nicht 100% ausgeschlossen werden kann, dass diese Grenze einmal überschritten wird, ist für Verkehrsflugzeuge eine sogenannte Sicherheitszahl definiert worden. Diese Zahl dient als Multiplikator der Sicheren Last und definiert somit die Konstruktionskriterien eines Flugzeuges. Die Sicherheitszahl hat den Wert 1,5. Multipliziert man nun also die Sichere Last mit der Sicherheitszahl ergibt sich die »Bruchlast«, bei der die Konstruktion tatsächlich beschädigt werden würde. Für Verkehrsflugzeuge also: 3,8 g x 1,5 = 5,7g. Alle Flugmanöver bewegen sich jedoch innerhalb der Lastgrenze von 3,8 g!

Die Gewährleistung, dass die Flugzeugkonstruktion diesen Lastfällen Stand hält, wird in dynamischen Bruchtests der Konstruktion vom Hersteller nachgewiesen. Beispiele für auftretende Standardbelastungen:

- unbeschleunigter Horizontalflug = 1 g
- Kurvenflug mit 30°, Neigung = 1,15 g, selbst bei nie vorkommenden 60° sind es nur 2 g
- Aufsetzen bei Landung = max. ~1,5 g
- Abheben beim Start = ~ 1,3 g

Diese Zahlen variieren mit Geschwindigkeit und Gewicht des Flugzeuges.

Als Passagier spüren Sie diese Belastungen dadurch, dass Sie in Ihren Sitz gedrückt werden (Beschleunigung, Kurvenflug, Steigung) oder aus ihm heraus gezogen werden (Geschwindigkeitsreduktion und Sinken bzw. Verringerung des Neigungswinkels).

Übrigens: Ihr Passagiersitz muss bevor er zugelassen wird, Belastungen bis 9g standhalten. Ihr Sitz federt also noch einiges mehr ab. ■

6.2 WOHER KRIEGT DAS FLUGZEUG AM BODEN STROM?

Wenn das Flugzeug am Boden steht und die Triebwerke ausgeschaltet sind, braucht das Flugzeug trotzdem Energie. Wir brauchen Licht in der Kabine. In der Bordküche, auch Galley genannt, müssen Geräte wie Wasserkocher oder Kaffeemaschine ihren Dienst tun. Die Instrumente im Cockpit müssen funktionieren und nicht zuletzt gibt es elektrische Motoren die dem Bodenpersonal dabei helfen die schweren Frachttüren auf und zu zufahren sowie Container innerhalb des Frachtraums zu bewegen.

Es gibt zwei Möglichkeiten woher das Flugzeug bei ausgeschalteten Triebwerken den benötigten Strom beziehen kann.

Die erste Möglichkeit ist ein Strombezug mittels sogenannter »Ground Power«. Hier hängt das gesamte Flugzeug förmlich an einer Außensteckdose. Ein großes, dickes, meist orange oder gelbes Kabel wird irgendwo an der vorderen unteren Rumpfhälfte angeschlossen und versorgt aus einer externen Stromquelle das Flugzeug auf diese Weise mit Energie.

Die zweite Möglichkeit besteht darin eine flugzeugeigene Ressource zu nutzen. Hier handelt es sich um ein Hilfsaggregat, was im Prinzip wie ein Minitriebwerk funktioniert. Wenn es läuft ist es ziemlich laut was auch der Grund ist warum es nahezu immer am Heck eines Flugzeuges verbaut ist. Dieses Minitriebwerk wird, wie wir bereits wissen, APU genannt und versorgt das Flugzeug nicht nur mit Strom, sondern am Boden auch mit Luft für die Klimaanlage. ■

©thamkc/123RF.com

6.3 WARUM DAMPFT UND TROPFT ES MANCHMAL AUS DER KABINENDECKE?

An schwülheißen Sommertagen läuft in aller Regel die Klimaanlage an Bord eines Flugzeuges. Da Kabine wird dabei auf angenehme Temperaturen runtergekühlt, um Ihnen als Passagiere das Einsteigen und Warten auf den Abflug so angenehm wie möglich zu machen.

Die Klimaanlage wird dabei entweder mit Luft aus einer externen Quelle, der APU oder den Triebwerken gespeist. In einem komplizierten Vorgang wird die zugeführte Luft nun herunter gekühlt und kondensiert aufgrund der noch verhältnismäßig hohen Temperaturen in der Kabine sofort beim Austritt aus den Belüftungsschlitzen. Sie sehen das in Form von Wasserdampf oder Nebel. In extremen Fällen kann es sogar massiv von der Kabinendecke tropfen. Der ausströmende Dampf sieht recht spektakulär aus, ist jedoch gänzlich ungefährlich.

Einen absolut identischen Effekt kennen Sie beispielsweise vom Gemüseregal Ihres Supermarktes. Da ist Ihnen bestimmt schon einmal aufgefallen wie kalter Wasserdampf die Auslage benebelt. Oder haben Sie schon einmal Ihren Fotoapparat, ein Fernglas oder eine Brille aus einem recht kühlen Etui heraus genommen, um festzustellen das sofort sämtliche Gläser beschlagen? Sie sehen also, das ist nichts worum man sich Sorgen machen müsste und an Bord mit Sicherheit ein Foto für die Urlaubserinnerungen wert. ■

©stokkete/123RF.com

6.4 WIE WERDEN PILOTEN AUSGEBILDET?

Die Ausbildung zum Piloten ist klar geregelt. Zuständig ist hier die seit 2008 voll funktionierende EASA (European Aviation Safety Agency), die viele Aufgaben der zuvor verantwortlichen und immer noch existierenden JAA (Joint Aviation Authorities) übernommen hat. Die JAA ist ein Zusammenschluss von zivilen Luftfahrtbehörden, welche in der sogenannten JAR-FCL (Joint Aviation Regulation – Flight Crew Licensing) die Ausbildungsrichtlinien regelt.

Voraussetzungen, um sich zum Erwerb der Verkehrspilotenlizenz anzumelden ist zunächst einmal eine gute allgemeine Gesundheit. Es versteht sich von selbst, dass sich Krankheiten wie Epilepsie, oder Diabetes (mit regelmäßiger Spritzengabe), ebenso wie beispielsweise eine Rot-Grün-Blindheit oder Hörschäden nicht wirklich gut mit dem Beruf des Piloten vereinbaren lassen.

Weiterhin muss der Nachweis ausreichender Kenntnisse in den Fächern Mathematik, Englisch und Physik erbracht werden. Ein Abiturzeugnis ist von Vorteil, aber es reicht per Gesetz der Abschluss Mittlere Reife. Der Bewerber muss einen Auszug aus dem Verkehrszentralregister in Flensburg, als auch ein polizeiliches Führungszeugnis vorlegen. Zu guter Letzt muss ein Erste Hilfe Lehrgang vorhanden und der Bewerber bei Abschluss mindestens 21 Jahre alt sein. Soweit die gesetzliche Theorie. In der Praxis sind die Maßstäbe weitaus höher angelegt.

Wer heute bei einer Airline anfangen oder von einer Airline ausgebildet werden will, hat sich strengeren Maßstäben zu unterziehen.

Das Deutsche Zentrum für Luft- und Raumfahrt (DLR) hat für diese Zwecke ein spezielles Testverfahren für Piloten in Deutschland und im Übrigen auch Fluglotsen entwickelt. Während dieser mehrtägigen Tests, werden oben angesprochene Grundkenntnisse abverlangt, die visuelle und akustische Aufnahmefähigkeit geprüft, sowie Tests zur sogenannten Mehrfachbelastung absolviert. Hier muss der Bewerber parallel verschiedene Dinge gleichzeitig tun, wie beispielsweise Hören, Sehen und Handlungen ausführen. Grundlage für diesen Test war übrigens der I-S-T 2000R (ein Intelligenz-Struktur-Test).

Abhängig von diesen Testergebnissen vergeben unter anderem die Lufthansa oder Condor ihre Cockpitplätze. Das Gleiche gilt übrigens auch für Fluglotsen! Die Deutsche Flugsicherung (DFS) vergibt ihre Ausbildungsplätze ebenfalls nach erfolgreich bestandenem DLR-Test.

Um die Theorieprüfung zu bestehen, zumindest war es damals bei mir so, muss der angehende Pilot nach ca. 750 Theoriestunden, diverse schriftliche Test in verschiedensten Fächern bestehen. Die Theorieprüfung wird beim Luftfahrtbundesamt in Braunschweig abgelegt und dauert ca. drei Tage. Sie umfasst folgende Themen:

- Aerodynamik
- Allgemeine Navigation
- Beladung & Schwerpunkt
- Elektrotechnik
- Flugbetriebsverfahren
- Flugleistung
- Flugplanung
- Flugzeugkunde
- Funknavigation
- Instrumentenkunde
- Luftrecht
- Menschliches Leistungsvermögen
- Meteorologie
- Physiologie
- Triebwerke

Die Praxis umfasste zu meiner Zeit ca. 220 Flugstunden in einem Flugzeug sowie im Simulator und endet in einem Checkflug, den ein Prüfer des Luftfahrtbundesamtes abnimmt.

Folgende Dinge werden u.a. in der Praxis geübt, wobei die theoretisch erworbenen Kenntnisse hier ständig unter Beweis gestellt werden müssen:

- Fliegen bei Nacht
- Fliegen nach Sicht (VFR – Visual Flight Rules)
- Fliegen ohne Sicht (IFR – Instrument Flight Rules)
- Soloflüge (ohne Lehrer zum Erfahrungsaufbau)
- Fliegen mit komplexen Flugzeugen
- Fliegen im Zwei-Mann-Cockpit
- Arbeitsteilung im Cockpit
- Notverfahren

Die Ausbildung endet insgesamt nach ca. 2 Jahren mit dem Erwerb der ATPL (Airline Transport Pilot Licence). Mit diesem »Führerschein« lernt man im Anschluss einen bestimmten Flugzeugtyp in mehrmonatiger Ausbildung kennen und fliegen, bevor man schließlich als Erster Offizier verantwortlich im Cockpit Platz nehmen darf. ■

©Luciano De La Rosa/123RF.com

6.5 WIE ARBEITEN PILOTEN EIGENTLICH?

Wenn Sie mit einem Flugzeug auf Geschäftsreise oder in den Urlaub fliegen, begeben Sie sich in die vertrauensvollen Hände der Piloten, das heißt Sie müssen die Tatsache akzeptieren, dass Sie geflogen werden.

Viele Menschen tun sich damit recht schwer! Vielleicht weil sie zum einen gewohnt sind, im Job oder im Privaten immer selbst die Kontrolle zu haben, zum anderen weil ihnen die das nötige Wissen über die Arbeit im Cockpit, sowie der Ausbildung von Piloten fehlt.

Während die Kabinenbesatzung bei ihrer Arbeit von Ihnen als Passagier beobachtet werden kann, fällt ein Beobachten der Cockpitcrew, besonders nach dem 11. September 2001, schon deutlich schwerer. Der Gesetzgeber hat hier nämlich beschlossen, dass Cockpittüren fortan:

1. …im Flug abzuschließen sind
2. …feuerfest und
3. …schusswaffensicher sein müssen

Bei vielen Flugangstbetroffenen kommen daher Fragen bezüglich der subjektiven Arbeit, respektive Einstellung von Cockpitcrews auf. Beispielsweise:

- Wie ist der Pilot drauf?
- Hat er heute einen guten Tag?
- Hat er genug geschlafen und gegessen?
- Sieht er vielleicht verkatert aus?
- Sieht er zu alt oder jung aus, respektive sieht er erfahren aus?

All diese subjektiven Eindrücke versuchen Passagiere bereits beim Einsteigen zu deuten. Sie versuchen einen Blick auf die Cockpitbesatzung, respektive einen Piloten zu erhaschen, um von seinem äußeren Erscheinungsbild auf sein Können oder seine Stimmung schließen zu können. An dieser Stelle möchte ich daher mit Gerüchten und Vorurteilen aufräumen und Ihnen ausgewählte Einblicke in die verantwortungsvolle Tätigkeit heutiger Cockpitcrews gewähren.

Ein modernes Verkehrsflugzeug, wie wir es heute vorfinden, wird von mindestens zwei Piloten geflogen. Auf der linken Seite im Cockpit sitzt immer der Flugkapitän (Captain, mit vier goldenen Streifen), während auf der rechten Seite der Copilot (First Officer oder Erster Offizier, mit drei goldenen Streifen) Platz nimmt.

Der Flugkapitän ist der Chef! Er hat die gesamte Verantwortung über das Flugzeug und die sich darin befindlichen Personen, samt seiner Kollegen im Cockpit oder in der Kabine. Es herrscht grundsätzlich eine präzise Aufgabenteilung im Cockpit: Einer fliegt (PF = Pilot Flying), der andere übernimmt die restlichen Cockpitaufgaben (PNF = Pilot Not Flying respektive Pilot Monitoring).

Dazu gehören unter anderem:
- Sprechfunkverkehr
- Vorlesen der Checklisten
- Monitoren der Instrumente
- Beobachtung des Luftraumes
- Bedienung sonstiger Flugzeugsysteme

Im Besonderen beobachtet der nicht fliegende Pilot (PNF) den flugdurchführenden Pilot (PF) in allen seinen Aktionen und Handlungen. Hier greift das Vier-Augen-Prinzip.

Diese Aufgabenverteilung wird unmissverständlich vor jedem Flug vom Kapitän festgelegt und in der Regel wird sich bei mehreren aufeinander folgenden Flügen bezüglicher dieser Aufgabenverteilung abgewechselt.

Dies soll vorrangig aufkommende Routine vermeiden und fliegerische Erfahrung vertiefen. Cockpitcrews werden übrigens ständig neu zusammengesetzt, so dass sich man sich stetig auf neue Zusammenarbeit einstellen muss. Auch dieses Prinzip wirkt einschläfernder Routine sowie zwischenmenschlichem Vertrauen bei langer Zusammenarbeit entgegen.

Nach modernen Auffassungen des im Cockpit herrschenden Teamworks, sollen trotz klarer Aufgaben- und Verantwortungsteilung, die anstehenden Entscheidungen immer von beiden Piloten getroffen werden. Beispielsweise wird bevor die Gashebel (Throttle) zum Take-Off von einem der beiden Piloten nach vorne geschoben werden, das OK aller Piloten eingeholt dies auch tun zu dürfen, ganz egal ob Kapitän oder Copilot. Dies soll eine gegenseitige Zustimmung symbolisieren, dass sowohl der Flugkapitän, als auch der Copilot einem Start unter vorherrschenden Bedingungen zustimmen. Die Entscheidung zum Starten wurde also von beiden Piloten gefällt!

Die Zusammenarbeit im Cockpit erfolgt also nach klaren Regeln und Strukturen, was die Sicherheit im Flugverkehr erhöht. Das nennt man Crew Ressource Management (CRM). ■

©auremar/123RF.com

6.6 WIE OFT UND WARUM MÜSSEN PILOTEN IN DEN SIMULATOR?

Piloten müssen bis zu viermal im Jahr in den Flugsimulator. Dort muss jeder Pilot regelmäßig nachweisen, dass er das Flugzeug unter allen Umständen beherrscht. Er wird praktisch an seine Leistungsgrenzen gebracht und muss beweisen, dass er trotz allem nicht die Kontrolle über das Flugzeug verliert. So kombiniert man im Simulator Triebwerksausfälle mit plötzlichem Druckverlust. Man simuliert Feuer in den Frachträumen mit dem Verlust der hydraulischen Systeme usw.

Bei der Kombination möglicher Szenarien gibt es zwar hohen Erfindungsgeist, aber KEINERLEI Toleranz!!! Wer die verschiedensten Situationen und zugehörigen Notverfahren nicht beherrscht, verliert seine Pilotenlizenz. Erst wenn der Nachweis erbracht wurde, dass die Verfahren aus dem eff eff beherrscht werden, wird die Lizenz wieder erteilt und der Pilot darf seine Tätigkeit wieder aufnehmen. Natürlich werden hier auch Techniken des Crew-Ressource-Managements weiter geübt und gefestigt.

Doch damit nicht genug! Auch im täglichen Flugeinsatz werden Piloten mindestens einmal im Jahr im sogenannten Linecheck geprüft. Ein erfahrener Flugkapitän und in seiner Funktion bestellter Sachverständiger, prüft den Piloten während normaler Linienflüge auf Beherrschung alltäglicher Flugmanöver und Verfahren, unter Berücksichtigung und Einhaltung zugehöriger Limits.

Ich kann mit gutem Gewissen behaupten, dass es wohl kaum einen Job auf dieser großen weiten Welt gibt, dessen Ausübung mit so vielen Prü fungen und Checks verbunden ist, wie der des Piloten.

Wie oft ärgern Sie sich beispielsweise im Straßenverkehr, dass ein rücksichtsloser Fahrer Sie geschnitten hat oder jemand bei Rot über eine Kreuzung fährt? Das es Verkehrsteilnehmer gibt, die schlecht sehen können und offensichtlich nicht mehr die schnellsten Reaktionen besitzen? Aber sie alle dürfen ihren Führerschein in der Regel ungeprüft behalten...

Auch der Besuch bei Ihrem Hausarzt des Vertrauens sollte Sie einmal nachdenklich stimmen. Sie vertrauen ihm vorbehaltlos Ihre Gesundheit und damit eines Ihrer kostbarsten Güter an! Haben Sie sich jemals gefragt, wann Ihr Arzt die letzte Fortbildungsmaßnahme bestritten, oder sein Wissen sonst wie vor Sachverständigen unter Beweis hat stellen müssen? Zumindest auf Ihrem Flug sind Sie garantiert in guten und geprüften Händen! ■

©rioblanco/123RF.com

6.7 WELCHE CHECKLISTEN GIBT ES?

Eine erste Checkliste haben Sie ja bereits in Frage 1.11 (siehe Seite 20) kennengelernt, die Preflight Checkliste. Aber natürlich ist der Outside Check erst der Beginn einer ganzen Reihe von Checklisten, die im Laufe eines Fluges noch abgearbeitet werden müssen.

Im sogenannten Quick Reference-Handbuch, was sich an Bord eines Flugzeuges befindet, sind alle verfügbaren Checklisten, sowie relevanten Flugleistungsdaten geordnet zusammengefasst. Dies unterstützt die Cockpitcrew bei einer schnellen, einheitlichen und kontrollierten Abarbeitung ihrer flugbezogenen Aufgaben.

Ein genauerer Blick auf das Quick Reference Handbuch verrät uns, das es meist drei Abschnitte unterteilt ist:

1. Operationelle Informationen
2. Performance (Flugleistungsdaten)
3. Abnormale Checklisten

Operationelle Informationen:
Hierunter fallen alle Informationen die für den täglichen und operationellen Betrieb von Relevanz sind. Beispielsweise beinhaltet es Voraussetzungen für Starts und Landungen bei schlechter Sicht, Beachtenswertes für das Fliegen bei Schnee und Eis, Limits für Seitenwinde, Grenzen für Belag von Runways mit Wasser, Schnee oder Matsch. Umrechnungstabellen

und normale Checklisten. Als »normale Checklisten« kennen wir beispielsweise Checklisten für:

- Vor dem Triebwerksstart (Before Start)
- Triebwerksstart (Engine Start)
- Rollen (Before Taxi)
- vor dem Take-Off (Before Take-Off)
- nach dem Take-Off (After Take-Off)
- Steigflug (Climb-out)
- Sinkflug (Decent preperation)
- Landeanflug (Approach)
- Endanflug (before Landing)
- nach der Landung (After Landing)
- Parken (Parking)
- Verlassen des Flugzeuges (Leaving Airplane)

Performance (Flugleistungsdaten):
In diesem Kapitel lassen sich alle Daten wiederfinden die in Zusammenhang mit der Flugleistung stehen. Allem voran Gewichts- und Schwerpunktverteilung, Geschwindigkeiten (Triebwerksleistungen) für verschiedenste Situationen, beispielsweise, das Durchstartmanöver (GoAround), den Steigflug, den Reiseflug, den Sinkflug, die Landung und bei Turbulenzen. Ferner verschiedenste Start- und Landebahnlängen in Abhängigkeit von der Flugzeugkonfiguration, dem Wetter und den Landeklappenstellungen sowie die unterschiedlichen Reichweiten, samt Kerosinverbrauch bei spezifischen Flugzeugkonfigurationen.

Abnormale Checklisten:
Dies ist das für Sie wohl interessanteste Kapitel, welchem wir jedoch mit Frage 6.8 (siehe Seite 118) eine eigene Frage gewidmet haben. ■

©ra.photo/Shutterstock.com

6.8 WELCHE CHECKLISTEN GIBT ES FÜR NOTFÄLLE?

Zunächst einmal ist nicht automatisch alles was jenseits des normalen Flugablaufes passieren kann gleich ein Notfall! Dennoch sind die technischen Systeme in Flugzeug dermaßen komplex, dass den Piloten bei Störungen dieser Systeme Checklisten an die Hand bekommen, um mit etwaigen Problemen korrekt umzugehen.

Folgende Themen und Systeme werden durch die Abnormal Checklists abgedeckt:

- Luftzufuhr und Luftsystem (vom Ausfall einzelner Komponenten der Klimaanlage bis zum Verhalten im Falle eines kompletten Druckverlustes)
- Elektrisches System (vom Kurzschluss einzelner Geräte bis zum Verlust der kompletten Stromversorgung)
- Flugsteuerung (von unpräziser Steuerung bis zum Ausfall ganzer Steuerungselemente)
- Hydraulisches System (von Leckagen bis zum Versagen ganzer Hydrauliksysteme)
- Kraftstoffanlage (von fehlerhaften Tankanzeigen bis zu verstopften Leitungen)
- Fahrwerke (vom Ausfall der Bugradsteuerung zum Nicht-Ausfahren der Fahrwerke)
- Frachträume (von gefährlichem Frachtgut bis Feuer in den Frachträumen)
- Triebwerke (von Anlass- und Leistungsproblemen, zu Vibrationen und Triebswerksfeuer)
- Anti-Eis-System (von vereisten Cockpitscheiben zu fehlerhaften Temperaturmessern)
- Verschiedenes (von Vulkanasche, Vogelschlägen und Bombendrohungen)

Jetzt ist Ihnen bestimmt recht mulmig geworden, habe ich Recht? Aber ich kann Sie beruhigen! Alles was ich hier gerade beispielhaft aufgelistet habe, wird von den Piloten immer wieder im Simulator geübt und beherrscht (Frage 6.6, siehe Seite 115). ■

6.9 WO IST DER SICHERSTE PLATZ IM FLUGZEUG?

Bemüht man Statistiken kommt man je nach Statistik und Quelle zu widersprüchlichen Aussagen. Die renommierte Universität Greenwich beispielsweise ermittelte 2008 bei einer Auswertung von 105 Flugunfällen sowie einer Befragung von 2000 Betroffenen (ja, Betroffene, denn Absturz heißt mitnichten gleich Tod), dass die Überlebens-wahrscheinlichkeit bei einem Platz im vorderen Bereich des Flugzeuges höher ist, als im hinteren. Das Wissenschaftsmagazin »Popular Mechanics« hingegen kommt zu einem umgekehrten Ergebnis. Sie untersuchten alle Flugzeugunglücke seit dem Jahr 1971 in den USA und fanden heraus, dass der hintere Teil am sichersten sei. Ja was denn nun?

Grundsätzlich kann man festhalten: Ausnahmslos alle Plätze an Bord eines Flugzeuges sind gleich sicher!

Es wäre ja auch Irrsinn wenn dem nicht so wäre. Oder würden Sie als Behörde ein Flugzeug zulassen, wenn Sie wüssten, dass es Plätze an Bord gebe die »unsicherer« wären? Sicherlich nicht!

Der eine oder andere mag es zudem als Vorteil empfinden, nahe an einem Notausgang zu sitzen, doch Flugunfälle sind dermaßen komplex und verschieden, dass man keine Regel zur Definition des sichersten Platzes heranziehen kann.

Meine Empfehlung: Wählen Sie Ihren Platz nach Komfortkriterien. Notausgangsplätze bieten mehr Beinfreiheit, im vorderen Teil des Flugzeugs ist es leiser, die Business Class bietet Luxus – jedem so wie er eben mag! ■

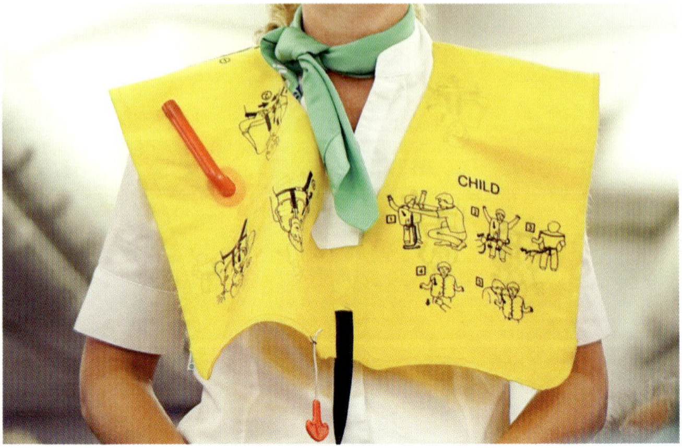

©svershinsky/Shutterstock.com

6.10
WIE SCHNELL LÄSST SICH EIN FLUGZEUG EVAKUIEREN?

Der Gesetzgeber schreibt vor, dass ein vollbesetztes Flugzeug innerhalb von 90 Sekunden durch die Hälfte der zu Verfügung stehenden Notausgänge vollständig evakuiert werden muss. Warum nur die Hälfte? Nun, es liegt auf der Hand, dass bei einem Zwischenfall unter Umständen nicht alle Notausgänge benutzbar sind. Außenschäden oder Feuer können einen Notausgang unpassierbar machen. Daher gibt es immer mehr Notausgänge als nötig.

Nehmen wir uns als Beispiel einen vollbesetzten Airbus A320 mit 190 Personen an Bord, inklusive Crew. Dieses Flugzeug besitzt vier Türen, zwei vorne und zwei hinten sowie auf jeder Seite zwei Notausstiege über den Tragflächen. Wir haben also acht Notausgänge. Wenn wir nur vier für die Evakuierung in 90 Sekunden benutzen dürfen macht das exakt 47,5 Personen pro Notausgang. In 90 Sekunden heißt das, dass alle zwei Sekunden eine Person durch den Notausgang das Flugzeug verlässt. Klingt absolut machbar für mich! Und es wird den Probanden bei einer Evakuierungsübung auch nicht zu leicht gemacht. Wie bei einem richtigen Flug auch, haben die Probanden Handgepäck bei sich, Gegenstände unterm Sitz verstaut oder Musik auf den Ohren. Alles soll so realistisch wie möglich sein.

Wir halten also fest, dass eine Evakuierung meistens schneller als in 90 Sekunden zu bewerkstelligen ist und es genug Zeit gibt, das Flugzeug im Notfall zu verlassen. ■

6.11 WARUM BEKOMMEN PASSAGIERE NICHT EINFACH FALLSCHIRME?

Das ist im Grunde eine schöne Vorstellung aber aus einer Vielzahl an Gründen unrealistisch. Fangen wir beim Kabinendruck an. Wie wir bereits aus Frage 5.3 (siehe Seite 91) wissen, ist nicht möglich, im Flug die Türen zu öffnen. Und selbst wenn wir es könnten, laufende Triebwerke und riesige Flügel wären uns nach Absprung im Weg. Es hat nämlich schon seinen Grund, dass Fallschirmsprünge in der Regel aus sogenannten Schulterdeckern (Flugzeuge die ihre Tragflügel oben am Rumpf haben) erfolgen, die zudem nur einen Propeller vorne an der Flugzeugnase haben. Aber nehmen wir das alles einmal als machbar hin. Im normalen Leben schaffen es sprungwillige Anfänger schon nicht mal auf Anhieb einen Fallschirm richtig anzulegen und festzuziehen, wie sollen es unbedarfte Passagiere dann schaffen – erst recht in einer Notsituation? Wollen wir auch nicht vergessen, dass Fallschirmspringen in Deutschland nur mit einer gültigen Lizenz oder während der Ausbildung erlaubt ist, was den Schwierigkeitsgrad nur noch unterstreicht.

Weitere (rein theoretische) Gründe sind die Kosten. Ein neuer Sportfallschirm kostet gute 5000 Euro. Bei unserem obigen Airbus A320 wären das also eine stolze Millionen extra (plus Wartungskosten, Reparatur, Logistik usw.). Berücksichtigen wir jetzt noch Platz und Gewicht wird es gänzlich unrealistisch unter Berücksichtigung des Chance-Risikoverhältnisses jemals Fallschirme an Bord von Passagierflugzeugen zu haben. ■

6.12 WAS HAT ES EIGENTLICH MIT DEM TOMATENSAFT AN BORD AUF SICH?

Diese Frage wird immer wieder gestellt und ja, es gibt sogar eine Antwort darauf. Tomaten sind ja so eine Sache. Der eine mag sie, der andere eher nicht. Aber Tomatensaft… Mal ehrlich, wer von Ihnen hat im letzten Jahr »auf der Erde« Tomatensaft getrunken? Ich jedenfalls nicht – und so gut wie niemand den ich kenne. Aber warum ist er an Bord nur so beliebt? Bei einigen Airlines wird sogar mehr Tomatensaft konsumiert als Bier – was ich übrigens per se begrüße – aber erstaunlich ist das schon!

Es gibt verschiedenste Erklärungsversuche. Liegt es am Hype? Dem Nachahmungseffekt? Weils zum »guten Ton« gehört? Ist es gar der Nährwert oder der Ersatz für Salziges oder Süßes?

Nein! Es ist der niedrige Luftdruck. Das Fraunhofer Institut hat herausgefunden, dass bei einem niedrigen Luftdruck die sogenannte Geruchs- und Geschmacksschwelle steigt. Das kennen Sie von Ihrer letzten Erkältung. Die Nase ist zu und schmecken tun Sie kaum noch etwas! Ähnlich ist es hier. Gewürze, Salz oder Zucker müssen in höherem Anteil in Speisen oder Getränken vorhanden sein, damit man sie an Bord schmecken kann.

So ist es auch mit unserem Getränk. Der sonst so fadige Tomatensaft blüht in luftiger Höhe förmlich auf, da er von uns Menschen als erfrischend und wohlriechend wahrgenommen wird. Nehmen wir jetzt noch Salz & Pfeffer dazu, schweben wir im siebten Tomatenhimmel. ■

6.13 WIE STEHT ES UM DIE THROMBOSEGEFAHR AN BORD?

Aus meiner Erfahrung und auch nach Rücksprache mit Fliegerärzten ist die Gefahr einer Thrombose an Bord genauso hoch oder gering wie die eines Herzinfarkts oder eines Schlaganfalls. Zugegeben, das mitunter stundenlange Sitzen in immer enger werdenden Economysitzen trägt nicht gerade zu einer guten Durchblutung (vor allem in den Beinen) bei. Es ist daher ohnehin ratsam sich oft zu bewegen. Stehen Sie auf, gehen Sie auf die Toilette. Holen Sie sich aus der Bordküche ein Getränk. Machen Sie ein paar Kniebeugen im Gang. Und wenn alle Stricke reißen, wippen Sie wenigstens am Platz mit Ihren Füßen und Beinen. Ziehen Sie Ihren Zehen an und entspannen sie wieder. Jedwede Art von Bewegung fördert die Durchblutung. Eine wirkliche Thrombosegefahr ist nur für Risikogruppen gefährlich, wenn Sie beispielsweise frisch operiert worden sind oder Probleme bei der Blutgerinnung haben.

Sofern Sie zu einer Risikogruppe gehören, sollten Sie vor Ihrer Flugreise unbedingt mit einem Arzt sprechen. Bei Langstreckenflügen empfiehlt es sich für Risikopatienten zudem Kompressionsstrümpfe zu tragen.

Und ob krank oder gesund, viel trinken ist das Mittel der Wahl, um das Blut dünn zu halten und die Durchblutung zu fördern. ■

©Darya Petrenko/123RF.com

6.14 WARUM WERDEN EIGENTLICH NUR UNSERE KOFFER GEWOGEN, WIR ABER NICHT?

Die Antwort liegt im sogenannten »Weight & Balance«-Report eines jeden Flugzeuges. Dieser Report auch »Load & Trim Sheet« genannt, umfasst die exakte Gewichtsverteilung des Flugzeuges. Dazu gehören im Wesentlichen:

- das Leergewicht des Flugzeuges (auch Flugzeuge müssen von Zeit zurzeit auf die Waage)
- die bewegliche Einsatzausrüstung (z.B. Sitze, Küche, Schwimmwesten usw.)
- die Crew und ihr Gepäck, Catering, Trinkwasser usw.
- der getankte Kraftstoff (Kerosin)
- die Nutzlast (Passagiere, Koffer, Fracht usw.)

Diese Weight & Balance-Kalkulation wird vor jedem Flug neu berechnet! Aus ihr ergibt sich nicht nur das Gewicht, sondern auch der Schwerpunkt des Flugzeuges, der sog. CG (Center of Gravity). Beides hat erheblichen Einfluss auf beispielsweise die Startgeschwindigkeit oder die Manövrierbarkeit des Flugzeuges.

Der Schwerpunkt als auch das Gewicht darf aus nachvollziehbaren Gründen nur innerhalb einer bestimmten Spanne liegen, da das Flugzeug sonst »aus dem Gleichgewicht« käme oder aber zu schwer würde.

Daher wird vor jedem Flug das Load & Trim Sheet genauestens bestimmt und mehrfach (4 Augen Prinzip) überprüft.

Aber was ist nun mit dem Gewicht der Passagiere?

Nun, diese Gewichte werden geschätzt und Sie sagen jetzt zu Recht: »Das ist aber nicht genau!« Richtig! In Europa gibt die europäische Luftfahrtbehörde EASA derzeit folgende Gewichte vor, bei Flugzeugen mit mehr als 30 Sitzplätzen:

- jeder erwachsene Passagier 84 kg
- jedes Kind 35 kg

Diese Gewichte entsprachen nach einer Untersuchung dem guten Durchschnitt.

Und warum wird jetzt nicht jeder Passagier gewogen? Das hat viele Gründe! Von Datenschutz über Privatsphäre bis hin zur Diskriminierung. Aber ja: es wäre genauer! Tatsächlich haben einige Länder in den vergangen Jahren die Durchschnittsgewichte angehoben, da das Gewicht des Einzelnen dem Wohlstand des Landes Tribut zollte...

Dennoch und wie bei allem in der Luftfahrt geht Sicherheit über alles! Daher hat man auch bei der Gewichts- und Schwerpunktberechnung einige Toleranzen berücksichtigt, so dass man auch bei einer Passagiergewichtsschätzung beruhigt und sicher rechnen und fliegen kann. ■

6.15
WAS SIND »NO SHOWS«?

Als sogenannte No Shows bezeichnet man Passagiere, die auf einen Flug gebucht wurden, jedoch zum Abflug nicht erscheinen.

Airlines betreiben ein regelrechtes »No Show-Management«. Hier wird besonders bei Flügen für deren Wirtschaftlichkeit eine Vollauslastung notwendig ist, eine bewusste Überbuchung in Kauf genommen. Sollten dann tatsächlich alle Passagiere erscheinen, sind jedoch weniger Sitzplätze verfügbar und die Airline bittet Passagiere nach dem »first come, first serve« Prinzip auf den Flug zu verzichten, um sich gegen meist lukrative Geldprämien umbuchen zu lassen.

Andersherum werden durch No Shows spontane Kapazitäten verfügbar, wodurch zusätzliche Passagiere befördert werden können.

Die Gründe der No Shows sind vielfältig. Von mehreren Buchungen als Alternative, über krankheitsbedingte Ausfälle bis hin zur Flugangst ist alles dabei.

Prognosen für No Shows zu erstellen ist hoch komplex und richtet sich beispielsweise nach Abflugsort, Jahres- oder Tageszeit, Analyse von Kundenverhalten oder Wettervorhersagen. Interessanterweise ist die Quote der No Shows bei Vielfliegern geringer als bei beispielsweise bei »Spätbuchern«. ■

©kwanchai.c/Shutterstock.com

6.16 WOFÜR SIND BEI VIELEN FLUGZEUGEN DIESE KLEINEN GELBEN HAKEN AUF DER TRAGFÄCHE?

Ist Ihnen beim Blick aus dem Fenster auch schon einmal dieser kleine gelbe Metallaufschlag (Safety Bracket) aufgefallen, der Löcher enthält und so aussieht, als hätten die Mechaniker bei Ihrem letzten Check vergessen etwas abzubauen?

Dem ist natürlich nicht so! Hierbei handelt es sich wieder einmal um ein kleines Stückchen Sicherheit, um im Falle eines Falles einen Vorteil zu haben. Mittels der dort vorhandenen Ösen kann nämlich ein Seil zwischen Beschlag und Tür gespannt werden, um im Fall einer Evakuierung den Passagieren eine Art »Geländer« zu bieten, an dem sie sich festhalten können, um nicht von der Tragfäche zu fallen. Clever, oder? ■

©Jacek Sopotnicki/123RF.com

6.17 WAS IST DAS CREW REST COMPARTMENT?

Beim Crew Rest Compartment handelt es sich quasi um einen »Ruheraum« für die Besatzung. Ja, Sie haben richtig gelesen. Ein Ruheraum! Dieser Platz dient der Bordbesatzung auf Langstreckenflügen dazu sich zurückzuziehen und Pause zu machen. Warum? Naja, Wenn die Flugzeit einen normalen Arbeitstag von ca. 8 Stunden überschreitet, was bei vielen Langstrecken- bzw. Interkontinentalflügen der Fall ist, wird die gesetzlich höchstzulässige Arbeitszeit überschritten. In diesem Fall werden die Crews durch zusätzliches Personal verstärkt, was sich im Laufe des Fluges abwechselt.

Nachtflüge, Zeitverschiebungen oder Jetlags sind besonders anstrengend, vor allem für Piloten und begünstigen Müdigkeit und Konzentrationsmangel. Um dem entgegenzuwirken sind bei solchen Flügen Pausen an Bord zwingend vorgeschrieben.

Beipiele für Flugzeugtypen mit einem Crew Rest sind der Jumbo Jet (Boeing 747), wo das crew rest compartment im Heck des Flugzeuges sitzt. Weitere Beispiele sind die Boeing 777 (Tripple Seven), der Dreamliner (Boeing 787), der Airbus A380, A350, A340 und A330. ■

6.18 WOZU IST DAS KLEINE LOCH AN DER UNTERSEITE DES FENSTERS DA?

Wie wir bereits aus Frage 5.4 (siehe Seite 92) wissen, verlangt die Fail-Safe-Konstruktion, dass mindestens zwei, wenn nicht drei Scheiben pro Fenster eingebaut werden müssen. Sie bestehen aus Acryl und bereits eine Fensterscheibe würde dem Außendruck respektive dem Druckunterschied zwischen drinnen und draußen standhalten.

Der Anblick des kleinen Lochs an der Unterseite des Fensters mag auf den ersten Blick beunruhigend erscheinen, ist jedoch enorm wichtig um zwischen den Fensterscheiben den Luftdruck regulieren zu können. Dieses sogenannte Breather Hole dient zum einen dazu, dass Feuchtigkeit aus den Zwischenräumen entweichen kann, so dass die Fenster nicht beschlagen. Die viel wichtigere Funktion ist jedoch, dass sich der Druck zwischen den Scheiben ausgleichen kann und die Scheiben beim Steigen und Sinken des Flugzeuges so nicht beschädigt werden. Der maximal zulässige Differenzdruck ist im Übrigen auch der Grund, das Flugzeugfester in der Kabine rund und nicht eckig sind. Die Form der Flugzeugfenster ist also keineswegs egal! Im Reiseflug bläht sich die Passagierkabine um einige Zentimeter auf, was eine enorme Belastung der Flugzeugstruktur mit sich bringt. Eckige Fenster können diese Kräfte nur sehr schlecht verteilen, so dass in ihren Ecken früher oder später Risse in der Struktur entstehen würden, die die Kabine in luftiger Höhe irgendwann platzen ließe. Bei runden Fenstern kann dies nicht passieren! ■

6.19 BILLIGFLIEGER SPAREN DOCH AM SPRIT, ODER?

Das ist natürlich kompletter Unfug! Sogenannte Billigairlines sind weder unsicherer, noch werden sie schlechter gewartet und sie sparen auch nicht am Sprit!

All diese Dinge sind rechtlich geregelt. Die Wartungsintervalle sind, wie wir aus Frage 3.13 (siehe Seite 65) wissen vom Hersteller vorgegeben. Somit ist es völlig uninteressant welche Airlinelackierung das Flugzeug hat. Boeing ist Boeing und Airbus ist Airbus – völlig unabhängig wo das Flugzeug fliegt. Wer es besitzt muss entsprechende Wartungszyklen und Checks einhalten!

Die Betankungsmengen sind ebenfalls festgelegt! In Frage 2.3 (siehe Seite 36) haben wir ferner zu den Betankungsmengen erfahren, dass es ein gesetzliches Minimum gibt, was jedes Flugzeug mindestens tanken MUSS!

Das einzige woran Billigflieger sparen ist am Service! Kein Gate, keine Busse zum Flugzeug, jedes Gepäckstück kostet Geld, jedes Glas Wasser muss bezahlt werden. Im Grunde muss man für jede Kleinigkeit sein Portemonnaie aufmachen, und zahlt am Ende des Tages trotz super billigem Ticket, bedingt durch die ganzen Extras genauso viel wie bei den großen Airlines.

Das Wirtschaftsmodell der Billigairlines liegt vor allem in den kurzen Transitzeiten. Landen – Austeigen – Einsteigen - Abfliegen fertig! Während große Airlines im Schnitt eine gute Stunde zwischen Start und Landung am Boden stehen, schaffen Billigairlines den Turnaround in 30-40 Minuten. Die Folge sind mehr Flüge pro Tag und damit mehr Umsatz durch Passagiere, wodurch man die Preise für Tickets wiederum reduzieren kann. ■

6.20
WARUM RIECHT ES MANCHMAL NACH DEM TRIEBWERKSSTART SO KOMISCH IN DER KABINE?

Wie wir bereits aus Frage 3.8 (siehe Seite 57) wissen, kommt unsere Atemluft aus der Klimaanlage des Flugzeuges, welche wiederum mit Triebwerkszapfluft aus den Triebwerken gespeist wird.

Beim Abschalten der Triebwerke verbleibt zum einen die nicht gebrauchte Luft in den Leitungen, zum anderen verbleiben auch die letzten Abgase, nachdem die Triebwerke ausgeschaltet wurden, im Triebwerk zurück.

Warte ich nur lange genug und starte die Triebwerke erneut, bekommt die Klimaanlage mittels Triebwerkszapfluft zunächst die »Restluft« aus dem Triebwerk, sprich dieses Gemisch aus verbliebenem Abgasen, Kerosin und Ölresten und bläst es zusammen mit der abgestandenen Luft in den Zuleitungen der Klimaanlage in die Kabine.

Habe ich zudem ungünstige Windbedingungen, kann zusätzlich, wenn auch nur sehr kurz, der Geruch von frischen Abgasen, welche mit dem Triebwerksstart einhergehen, mit angesaugt werden.

Alles zusammen ergibt diesen komischen Geruch in der Kabine, der wenige Sekunden nach dem Triebwerksstart anhält, und dann verfliegt.

Untersuchungen haben ergeben, dass diese Luft in ihrer Konzentration möglicher Schadstoffe keine Gesundheitsgefährdung für die Passagiere darstellt. Es riecht nur unangenehm und mehr passiert nicht. ■

6.21
SIND ALTE FLUGZEUGE GENAUSO SICHER WIE JUNGE?

Da können einen schon Mal Zweifel plagen, wenn man das Gefühl nicht los wird, dass das Flugzeug älter ist als die Piloten.

Aber ich kann Sie beruhigen. Natürlich sind alte Flugzeuge genauso sicher wie junge moderne Flugzeuge. Wie an anderer Stelle schon ausgeführt, unterliegen Flugzeuge ständigen Kontrollen - Ganz egal ob alt oder jung. Im Gegenteil sogar! Manche Kontrollintervalle verkürzen sich mit dem Flugzeugalter, so dass diese Flugzeuge öfters gewartet werden müssen als moderne Flieger.

Im Grunde ist es wie mit Ihrem Auto. Ob Sie einen modernen Neuwagen fahren oder einen Oldtimer... Beide können technisch einwandfrei und zuverlässig sein. Sicherlich bieten moderne Verkehrsflugzeuge moderne Technik, aber mit der richtigen Pflege, den korrekten Wartungsintervallen und Checkzyklen, fliegt ein altes Flugzeug genauso sicher und zuverlässig wie ein junges.

Der einzige Grund ein Flugzeug nicht bis ins hohe Alter zu betreiben sind die Kosten und damit die Wirtschaftlichkeit. Je älter das Flugzeug, desto mehr Aufmerksamkeit braucht es. Ferner haben ältere Flugzeugmodelle auch ältere Triebwerke, was einen höheren Kerosinverbrauch nach sich zieht. Beides zusammen kostet Geld, weshalb es irgendwann wirtschaftlich sinnvoll ist ein neues Flugzeug zu kaufen, um laufende Kosten zu reduzieren. ■

6.22 WELCHE STAATSBÜRGERSCHAFT HAT EIN BABY, DAS AN BORD EINES FLUGZEUGES ZUR WELT KOMMT?

So ganz trivial ist die Frage der Staatsbürgerschaft nicht zu beantworten. Aber wir wollen es mal versuchen.

Für die Bestimmung der Staatsbürgerschaft haben wir Abstammungsfragen zu klären und territoriale Vorschriften zu beachten.

Sofern die Eltern Deutsche sind ist alles klar geregelt. Laut unserem Staatsangehörigkeitsgesetz bekommt das Kind die deutsche Staatsbürgerschaft, wenn wenigstens ein Elternteil ebenfalls die deutsche Staatsangehörigkeit besitzt. Doch was ist mit den anderen Fällen?

Nun, sollte die Geburt über einem Gebiet erfolgen, dem keine Nation zugeordnet ist, greift eine UN-Konvention und das Kind würde die Staatsbürgerschaft bekommen, in dessen Land das Flugzeug registriert ist. Doch was ist mit einer Geburt über ausländischem Hoheitsgebiet?

Dieser Fall zieht zwei Fragen nach sich, die klären müssen ob in diesem Land territoriales Hoheitsrecht mit Geburtsortsprinzip gilt oder das Abstammungsrecht greift. Meistens greift die erste Variante und somit wäre das Recht eines Staates, in dessen Luftraum sich das Flugzeug aufhält, maßgeblich für die Bestimmung der Staatsbürgerschaft.

Dennoch ist jede Geburt über den Wolken faktisch als Einzelfall zu betrachten. ■

6.23 WAS PASSIERT BEI MEDIZINISCHEN NOTFÄLLEN AN BORD?

Medizinische Notfälle an Bord sind der häufigste Grund warum Flugzeuge notlanden müssen, respektive eine außerplanmäßige Landung vornehmen. Doch leider sind nicht immer Ärzte oder medizinisches Fachpersonal an Bord. Was also tun?

Zum Glück ist jeder Flugbegleiter in Erste-Hilfe ausgebildet. Ferner befindet sich an Bord eine Reihe von medizinischem Equipment, welche im Falle eines Falles genutzt werden kann.

Als erstes wird die Crew versuchen, einen Arzt an Bord auszurufen, der eine kompetente Diagnose stellt und die Behandlung an Bord übernimmt. Sollte kein Arzt an Bord sein haben viele Airlines einen Vertrag mit medizinischen Beratungsdienstleistern am Boden wie beispielsweise »International SOS« oder »Medaire«. Deren Hotlines sind rund um die Uhr besetzt und per telefonischer Beratung können Ärzte den Flugbegleitern medizinischen Anleitungen geben. Ferner haben die Airlines dafür Sorge zu tragen dass die Flugbegleiter im Umgang mit der Notfallausrüstung geschult und stets auf dem neuesten Stand gehalten werden. Regelmäßige Nachschulungen sowie Auffrischungen gehören deshalb zum Standard.

Für die Erstversorgung stehen den Flugbegleitern ein sogenanntes Emergency-Kit und Doctors-Kit zu Verfügung. Ersteres beinhaltet Medikamente für kleinere Wehwehchen wie Übelkeit, Kopfschmerzen, enthält Pflaster und Ähnliches. Letzteres ist da schon von ganz anderem Schlag. Das Doctors-Kit beinhaltet Dinge wie Stethoskop, Blutdruckmessgerät oder Tubus. Ferner Material für intravenöse Zugänge sowie Medikamente wie Antihistaminika, Atropin, Adrenalin oder Nitroglycerin. Außerdem ist immer ein vollautomatischer Defibrillator an Bord, der natürlich auch ein EKG abnehmen kann.

Die moderne Telemedizin hilft teilweise schon heute dabei, ein EKG mittels einer Breitbandinternetverbindung zu einem entsprechenden Notfallzentrum zwecks Diagnose zu übermitteln. Nach heutigen Maßstäben kann man also guten Gewissens behaupten, dass Airlines, Crews und Ärzte am Boden alles erdenkliche tun, um eine optimale Behandlung etwaiger medizinischer Notfälle an Bord zu gewährleisten.

Wussten Sie übrigens, dass auch für medizinische Notfälle an Bord eines Flugzeuges für ausnahmslos alle Passagiere eine Schweigepflicht besteht? Die Privatsphäre eines Patienten ist also auch hier geschützt. ■

6.24 WIE GROSS IST DIE TERRORGEFAHR BEIM FLIEGEN WIRKLICH?

Nach den Erfahrungen von 9/11 hat sich die Luftfahrt sehr verändert. Die Sicherheitsmaßnahmen an Flughäfen haben sich enorm verbessert. Passagierkontrollen wurden – nicht zuletzt durch die sogenannten Bodyscanner – optimiert. Ausnahmslos jeder Koffer geht vor Verladung durch ein Röntgengerät. Die Flugzeugtüren wurden schuss- und einbruchssicher umgestaltet und selbst Maßnahmen an Bord, wie Grüppchenbildung in Küchen oder Toiletten, wurden auf ausgewählten Flügen verboten. Hinzu kommt eine immer länger werdende Liste verbotener Gegenstände im Handgepäck wie auch im Koffer, so dass wir mit gutem Gewissen konstatieren können: Fliegen ist heutzutage – trotz potentiellem Terror – sicherer den je!

Dennoch ist ein Terroranschlag nicht gänzlich auszuschließen. Allerdings gilt das nicht nur für die Fliegerei, sondern generell für das Leben! Es kann passieren! Immer. Überall. Am besten kommt man damit zurecht, wenn man Terror unter Lebensrisiko verbucht. Mit anderen Worten: Es ist eine Frage der Einstellung. Natürlich kann ich mich zu Hause einschließen und nie wieder ein Fuß vor die Tür setzen, aber bin ich zu Hause wirklich sicherer? Der Architekt könnte sich verrechnet haben und plötzlich stürzt das Dach ein? Eine Gasleitung könnte explodieren und was ist überhaupt mit der unglaublichen Anzahl an Haushaltsunfällen mit Todesfolge in Deutschland, die um ein Vielfaches die Anzahl der weltweiten Todesfälle in der Luftfahrt übersteigt? Sie sehen schon…Es ist eine Frage der Perspektive. Mein Rat: Vertrauen sie den Kontrollen! ■

6.25 KANN DER COPILOT GENAUSO GUT FLIEGEN WIE DER KAPITÄN?

Diese Frage lässt sich kurz und bündig beantworten: Natürlich!

Sowohl Copilot als auch Kapitän wechseln sich in der Regel mit dem Fliegen ab und beherrschen das Flugzeug in allen fliegerischen Details. Der einzige Unterschied zwischen den beiden ist die Flugerfahrung. Ein Kapitän hat deutlich mehr Flugstunden und somit Flugerfahrung mit diesem Fluzeugtyp auf dem Buckel, was ihn jedoch nicht zwangsläufig zum besseren Piloten macht! Die Arbeit im Cockpit ist Teamarbeit und als Team bewältigt man die Arbeit im Cockpit zusammen. ■

6.26 WARUM SIND BEI MANCHEN FLÜGEN MEHR ALS ZWEI PILOTEN AN BORD?

Dafür kann es zwei Gründe geben. Zum einen könnte es sich um einen Checkflug handeln, zum anderen um einen besonders langen Flug.

Im ersten Fall wird einer der Piloten von einem Checkkapitän begleitet, der den Piloten während seines normalen Dienstes überprüft und ihn ob seiner fliegerischen Fähigkeiten beurteilt. Im zweiten Fall handelt es sich um einen Langstreckenflug, bei dem die maximal zulässige Arbeitszeit aufgrund der Flugdauer überschritten werden würde. In diesem Fall sind bis zu vier Piloten an Bord, um sich im Cockpit abzuwechseln. ■

6.27 WIE VIEL WIEGEN FLUGZEUGE EIGENTLICH?

Die Boeing B737NG (Next Generation), als auch der Airbus A320 haben ein maximales Abfluggewicht von ca. 80 Tonnen. Eine Boeing B747-8 Jumbojet dagegen hat ein maximales Abfluggewicht von ca. 450 Tonnen. Dazwischen ist alles vertreten. Nimmt man gar einen Airbus A380, lägen wir bei einem Abfluggewicht von ca. 570 Tonnen. Um diesen Vogel in die Luft zu bekommen ist eine Flügelfläche von satten 850 Quadratmetern erforderlich. Lassen Sie sich das einmal auf der Zunge zergehen: Hier passt ein überdurchschnittliches Einzelhaus mit großem Garten auf die Flügel… ■

©Fasttailwind/Shutterstock.com; A. Burden

6.28 WARUM SIND MANCHE FLÜGELSPITZEN IMMER SO NACH OBEN GEBOGEN?

Flugzeughersteller haben das Bestreben ihre Flugzeuge aerodynamisch zu optimieren. Je weniger Widerstand ein Flugzeug erzeugt, desto leichter gleitet es durch die Luft. Weniger Widerstand bedeutet daher niedrigerer Kerosinverbrauch, was im sich im Umkehrschluss in einer höheren Nutzlast oder größeren Reichweite des Flugzeugs niederschlagen kann.

Wenn Flügelspitzen oder Kanten die Luft durchschneiden, entstehen an deren Ende Widerstände in deren Folge sogenannte Wirbelschleppen (Randschleppen) entstehen. Hierbei handelt es sich um kreisförmig drehende Luft-verwirbelungen, die vor allem für nachfolgende Flugzeuge in Form von Turbulenz deutlich spürbar sind. Je größer das Flugzeug, desto intensiver die Wirbelschleppen.

Die Fluglotsen müssen bei der Staffelung von Flugzeugen daher besonders gut auf die Abstände achten, insbesondere wenn kleine Flugzeuge hinter großen fliegen.

Um diese Wirbelschleppen bestmöglich zu reduzieren, Kraft zu sparen und somit aerodynamischer fliegen zu können, haben die Flugzeughersteller sogenannte Winglets entwickelt, die je nach Flugzeugtyp auch Wingtip oder Sharklet genannt werden.

Sie sind in der Regel nach oben gerichtet, in einigen Fällen aber auch nach oben und unten. Winglets verbessern zudem die Wendigkeit um die Längsachse sowie die Stabilität des Flugzeuges um die Hochachse.

Ihr größter Vorteil liegt aber im deutlich reduzierten Kerosinverbrauch. ■

6.29 WAS IST DIE SCHWARZE LISTE DER EU?

Auf der im Volksmund bekannten »schwarzen Liste der EU«, auch Blacklist genannt, stehen aus EU Sicht, alle unsicheren Fluggesellschaften die mit einem Flugverbot für die EU belegt wurden. Offiziell und gemäß unserem Luftfahrtbundesamt heißt diese Liste jedoch »gemeinschaftliche Liste«.

Dieses Flugverbot umfasst das Landen (und Starten) auf europäischem Hoheitsgebiet als auch das Überfliegen europäischer Staaten, selbst wenn Start und Landung dieses Fluges außerhalb der EU erfolgen würden.

Unrühmliche Mitglieder dieser Liste sind Fluggesellschaften, die wiederholt wegen Sicherheitsmängeln aufgefallen sind. Einen Großteil dieser Liste machen aktuell Fluggesellschaften aus dem Kongo, Kirgisistan, Gabun, Libyen, Nepal, Sierra Leone und dem Sudan aus.

Der Umkehrschluss bedeutet, dass ausnahmslos alle Fluggesellschaften mit denen Sie aus Europe heraus in die Welt starten sicher sind! Lediglich bei einer beispielhaft geplanten Rundreise innerhalb des Kongos, sollten Sie die Liste vor Ihrer Flugbuchung besser noch einmal konsultieren… Die jeweils aktualisierte Fassung finden Sie hier: https://ec.europa.eu/transport/sites/transport/files/air-safety-list_en.pdf ■

6.30 WAS IST DIE ICAO?

Die ICAO ist die International Civil Aviation Organization (Internationale Zivilluftfahrtorganisation). Sie ist ein Ableger der Vereinten Nationen (UN), wurde 1944 mit dem sogenannten Chicagoer Abkommen gegründet und sitzt in Montreal. Die ICAO hat aktuell 192 Mitgliedländer und legt beispielsweise verbindliche sicherheitsrelevante Standards für die Luftfahrt fest, für deren Umsetzung alle Mitgliedsländer sorgen müssen. Ferner regelt Sie internationale Verkehrsrechte, Abkürzungen, Fluglärmemissionen und hat also oberstes Ziel, dem weltweiten Wachstum des zivilen Luftverkehrs den Weg zu ebnen. ■

6.31
WAS IST DIE IATA?

IATA steht für International Air Transport Association und ist ein internationaler Dachverband für Fluggesellschaften. Sie repräsentiert im Wesentlichen die Airlinebranche und kann einiges an weltweit eingeführten Standards für sich verbuchen. Dank der IATA haben wir heute zum Beispiel ein vereinheitlichtes Ticket- und Gepäcksystem. Sie können also heute ohne Probleme auf einem Ticket mit verschiedensten Fluggesellschaften reisen und Ihr Gepäck kommt auch airlineübergreifend am Zielort an. Es werden zudem verbindliche Sicherheitsstandards definiert und kontrolliert sowie Vorhersagen und Statistiken über den Luftverkehr erstellt. Die IATA hat aktuell über 280 Mitglieder aus 117 Nationen, und stellt damit 82% der weltweit zu Verfügung stehenden Sitzplatzkapazität. ■

6.32
WAS KANN ICH TUN UM MÖGLICHST ENTSPANNT MEINEM NÄCHSTEN FLUG ENTGEGENZUTRETEN?

Die Wochen vor dem Flug:

- Bewegen Sie sich regelmäßig und/oder machen Sie Sport.
- Fangen Sie frühzeitig mit den Reisevorbereitungen an.
- Sie haben die Möglichkeit, für den Flug bestimmtes Essen vorzubestellen (z.B. koscher, Diätkost, cholesterinarm, vegetarisch usw.). Nutzen Sie dies!
- Reservieren Sie bereits Ihren Sitzplatz (auch wenn das meist mit Kosten verbunden ist).
- Achten Sie auf eine gesunde und ausgewogene Ernährung.
- Halten Sie regelmäßige Arbeitspausen ein.
- Achten Sie auf eine klare Trennung zwischen Arbeit und Freizeit (Stressreduktion).
- Klären Sie zwischenmenschliche Konflikte.
- Führen Sie regelmäßig Entspannungsübungen durch.
- Achten Sie auf ausreichenden Schlaf.

Am Tag vor dem Flug und am Tag des Fluges:

- Verzichten Sie auf übermäßigen Konsum von Alkohol, Zigaretten und Kaffee.
- Legen Sie bereits am Vorabend die Reiseunterlagen zurecht (Flug-

tickets, gültige Reisepässe, ggf. Visa, Führerschein, Unterlagen zur Unterkunft und Autovermietung, Geld, Schecks, Reiseversicherung, Wörterbuch).

- Packen Sie bereits am Vorabend und machen Sie ggf. von einem Vorabend-Check-in am Flughafen gebrauch. Achten Sie dabei auf das Gewicht Ihrer Koffer. Die Gewichtsbeschränkungen sind von Airline zu Airline verschieden.
- Achten Sie auf den richtigen Zeitpunkt für die Einnahme von Medikamenten gegen Reisekrankheit.
- Bedenken Sie, dass im Handgepäck Flüssigkeiten nur eingeschränkt mitgeführt werden dürfen. Spitze sowie scharfe Gegenstände haben im Handgepäck nichts zu suchen.
- Planen Sie die Anreise zum Flughafen mit großzügigem Zeithorizont.
- Wählen Sie für den Flug eine Bekleidung, in der Sie sich wohlfühlen. Bedenken Sie jedoch, dass es an Bord eines Flugzeuges kühler werden kann.
- Bitten Sie um einen Platz am Gang oder einem Notausgang. Hier können Sie leichter aufstehen (ohne Ihre Nachbarn zu behindern).

Während des Fluges:

- Sprechen Sie die Flugbegleiter auf Ihre Flugangst/Nervösität an.
- Machen Sie sich bewusst, dass Angstgefühle und dabei auftretende körperliche Symptome nur eine verstärkte, normale Stressreaktion sind. Angstreaktionen sind nicht schädlich für die Gesundheit. Lassen Sie ggf. also Ihre Anspannung und Ihre Angst zu.
- Sprechen Sie sich Mut zu und loben Sie sich.
- Bleiben Sie in der Realität und spekulieren Sie nicht über mögliche Katastrophenszenarien.
- Führen Sie eine für Sie angenehme, entspannende Tätigkeit durch z.B. Musik hören, lesen oder eine Atemübung: Ruhig und langsam durch die Nase in den Bauch und nicht in die Brust einatmen , so dass sich der Bauch sichtbar hebt; doppelt so lange durch den leicht geöffneten Mund ausatmen; anschließend eine kleine Atempause machen; bewusst und ruhig weiteratmen.
- Trinken Sie wenn möglich einen halben Liter Flüssigkeit pro Flugstunde. Die trockene Luft an Bord stresst Ihren Körper. Vermeiden Sie Kaffee und Alkohol.
- Bewegen Sie sich im Flugzeugsitz und im Flugzeug und sprechen Sie über Ihre Gefühle, um sich abzureagieren.

Sollte Ihnen während des Fluges etwas ungewöhnlich vorkommen, bitten Sie die Flugbegleiter um eine Erklärung. ■

STICHWORTLISTE

ÜBER DEN AUTOR

Mathias Gnida, Jahrgang 1970, absolvierte nach seinem Abitur 1989 eine technische Ausbildung zum Flugzeugmechaniker, später zum Verkehrsflugzeugführer und arbeitete über 20 Jahre in verschiedensten Positionen großer Luftfahrtunternehmen, wo er seine profunden Fachkenntnisse gewann.

Er ist mehrfacher Buchautor unter anderem zum Thema Flugangst und geschäftsführender Gesellschafter seiner Firma »SkyCair«, wo er mit einem Team aus Piloten und Psychologen Flugangstseminare gibt, um Menschen mit Flugangst zu helfen.

Weiterhin schult er Mitarbeiter aus der Luftfahrt- und Reisebranche im richtigen Umgang mit Flugangstbetroffenen, gibt Firmenseminare, hält Vorträge und unterstützt Hochschulen bei der Gewinnung wissenschaftlichen Materials im Thema Flugangst. Zudem ist er als Berater in der Luftfahrtbranche unterwegs.

Kontakt:
Mathias Gnida
SkyCair GbR

www.flugangst123.de
mail@flugangst123.de

GUTSCHEINAKTION

Gutschein über 50 Euro Nachlass auf eines unserer Seminare und Coachings!

Wenn Sie uns vor Buchung Ihres Flugangstseminars unter mail@flugangst123.de kontaktieren und eine Frage zum Buch beantworten, gewähren wir Ihnen einen Rabatt von 50 Euro auf all unsere Seminare und Coachings.

Mehr dazu auf unserer Homepage: www.flugangst123.de

Wir freuen uns auf Sie!

… endlich entspannt fliegen

SkyCair

WEITERE INTERESSANTE BÜCHER ZUM THEMA

Ein fundierter Überblick über die Technik des modernen Verkehrsflugzeuges.

288 Seiten, 338 Abbildungen,
Format 170 x 240 mm
ISBN 978-3-613-03893-6
€ 29,90 / € (A) 30,80

Herbert Groß vermittelt umfassendes Wissen zu allen wichtigen Bereichen der Luftfahrt.

328 Seiten, 168 Abbildungen,
Format 170 x 240 mm
ISBN 978-3-613-02378-9
€ 29,90 / € (A) 30,80

Wie entstehen Flugzeuge und welchen Wandel hat die Industrie bis heute durchgemacht? Dieses Buch erklärt es!

208 Seiten, 196 Abbildungen,
Format 170 x 240 mm
ISBN 978-3-613-03657-4
€ 24,90 / € (A) 25,60

Voraussetzungen, Ausbildung, Alltag: Dieses Buch erläutert die wichtigsten Punkte rund um die Ausbildung eines Piloten.

288 Seiten, 32 Abbildungen,
Format 170 x 240 mm
ISBN 978-3-613-04021-2
€ 29,90 / € (A) 30,80

Stand April 2019.
Änderungen in Preis und Lieferfähigkeit vorbehalten.

Überall, wo es Bücher gibt, oder unter
WWW.MOTORBUCH-VERLAG.DE
Service-Hotline: 0711 / 78 99 21 51